金属—有机框架催化材料在有机转化中的应用

黄 超 杨海燕 张莹莹 著

中国纺织出版社有限公司

内 容 提 要

本书介绍了金属—有机框架催化材料的设计和合成，着重阐述了金属—有机框架材料在催化有机转化中的应用，包括催化串联叠氮化/炔基化反应、C—H键羰基反应、串联酰化—纳扎罗夫环化反应、串联C—N键环化反应、氰基反应、选择性卤化反应、C—H键芳基反应，并将金属—有机框架催化材料的研究与科技前沿相结合。本书内容对金属—有机框架材料的制备与催化性能研究具有较大的参考价值和借鉴意义。

本书可作为高等院校相关专业学生的参考用书及科技读本，也可供从事金属—有机框架材料及其相关领域研究的人员参考使用。

图书在版编目（CIP）数据

金属—有机框架催化材料在有机转化中的应用 / 黄超，杨海燕，张莹莹著. -- 北京：中国纺织出版社有限公司，2024.7

ISBN 978-7-5229-1696-5

Ⅰ.①金⋯ Ⅱ.①黄⋯ ②杨⋯ ③张⋯ Ⅲ.①有机金属化合物-催化-有机材料-研究 Ⅳ.①TQ26

中国国家版本馆 CIP 数据核字（2024）第 078105 号

责任编辑：朱利锋　　责任校对：高　涵　　责任印制：王艳丽

中国纺织出版社有限公司出版发行
地址：北京市朝阳区百子湾东里 A407 号楼　邮政编码：100124
销售电话：010—67004422　传真：010—87155801
http://www.c-textilep.com
中国纺织出版社天猫旗舰店
官方微博 http://weibo.com/2119887771
三河市宏盛印务有限公司印刷　各地新华书店经销
2024 年 7 月第 1 版第 1 次印刷
开本：710×1000　1/16　印张：11
字数：190 千字　定价：72.00 元

凡购本书，如有缺页、倒页、脱页，由本社图书营销中心调换

前　言

金属—有机框架材料（MOFs）具有多样性、可调控性，作为固体材料广泛应用在催化、表面化学、储能、分子磁性、生物医学成像等领域。由于它们具有固定的孔洞、大的比表面积及可调控的物理和化学性能，特别适合作为具有固定催化位点的分子催化剂，形成统一的催化位点和开放的孔洞结构，应用于形状、尺寸、化学和对映体选择性的催化反应。设计合成金属—有机框架催化材料，系统研究其催化性能与结构之间的构效关系，进一步开展金属—有机框架材料催化合成天然产物中间体的研究，使之在更广泛的领域得到应用，具有重要的理论和实践意义。

本书基于金属—有机框架材料在催化有机转化领域的应用，围绕金属—有机框架材料的设计合成和结构优化展开研究，通过对结构和性能的系统研究，进一步优化其催化性能。全书共分为9章，第1章阐述了金属—有机框架材料的结构属性、催化活性中心及催化有机转化的应用领域；第2章讨论了Cu^{I}—MOFs材料对催化串联叠氮化/炔基化（click/alkynylation）反应的影响；第3章介绍了Cu^{I}—MOFs材料中孔道尺寸的设计在选择性催化C—H键羰基反应中的研究，讨论了孔道尺寸变化与限域催化性能的差异；第4章研究了Ag—MOFs材料中多活性中心Ag—Ag—Ag金属键在催化串联酰化—纳扎罗夫（Nazarov）环化反应过程中的协同催化机制，探索了不同金属键之间的催化活性和选择性；第5章基于溶剂模板诱导调控Zn—MOFs材料结构变化，探讨了溶剂模板的浓度、种类对Zn—MOFs材料孔道尺寸和催化性能的影响，系统分析了Zn—MOFs材料孔道尺寸与催化选择性的构效关系；第6章基于溶剂分子极性和尺寸对Co—MOFs材料结构的影响，阐述了其形成机理，并对比了其催化串联C—N键环化反应的性能；第7章基于溶解—交换—重结晶策略，实现配体诱导Cu^{II}—MOFs结构可逆的转变，研究其结构可逆转变对选择性催化氰基反应的影响，并探讨了其选择性催化反应机理；第8章基于溶解—重结晶和单晶到单晶的转化策略，揭示了单位点Cu^{II}—MOFs催化材料结构的设计途径，研究了其选择性催化卤化反应的影响因素；第9章基于氧化还原转化诱导单晶到单晶的转化策略，实现了Cu^{I}—MOFs与$Cu^{I}Cu^{II}$—MOFs的可逆价态互变，探讨了结构转变机理，研究了不同价态下它们对催化C—H活化反应的调控机制。

全书由中原工学院黄超、杨海燕、张莹莹编写并统稿，其中，黄超负责撰写第 3 章和第 5 章，杨海燕负责撰写第 1 章、第 4 章、第 7 章、第 8 章和第 9 章，张莹莹负责撰写第 2 章和第 6 章。特别感谢参与课题研究工作的侯红卫、武杰、米立伟、丁然、高宽、郭晓青、朱开放、卢贵珍等。

本书编写过程中还参考了近年来关于金属—有机框架催化材料、超分子化学、催化技术与原理等的教学内容和国内外相关文献资料，在此向各位作者一并致以诚挚的谢意，衷心感谢国内外同仁在金属—有机框架催化材料方面所做的工作。

本书得到中原工学院学术专著出版基金、学科实力提升计划项目和研究生教育质量提升工程项目资助，在此一并致以诚挚的谢意。

由于著者水平有限，书中难免有疏漏及不妥之处，敬请专家和读者不吝赐教。

著者

2023 年 12 月

目　录

第1章　绪论 ··· 1

1.1　引言 ·· 1

1.2　含金属活性中心的 MOFs 催化材料 ································ 5

 1.2.1　不饱和的金属活性中心 ·· 5

 1.2.2　酸性框架 MOFs 催化活性中心 ······························ 6

 1.2.3　氧化还原活性的金属活性中心 ································ 7

1.3　含功能化有机桥连配体的 MOFs 催化材料 ······················· 8

 1.3.1　手性配体构筑的手性 MOFs ·································· 8

 1.3.2　含特殊官能团的有机配体 ····································· 9

 1.3.3　混合配体形成的 MOFs 催化剂 ······························ 10

1.4　包裹或封装催化活性中心的 MOFs 催化材料 ··················· 11

 1.4.1　MOFs 框架内部包裹多金属氧酸盐 ························· 12

 1.4.2　金属卟啉封装的 MOFs 催化剂 ······························ 13

 1.4.3　纳米颗粒或纳米氧化物封装的 MOFs 催化剂 ············ 13

参考文献 ·· 14

第2章　二维 Cu^I—MOFs 材料催化串联叠氮化/炔基化反应 ······ 23

2.1　引言 ·· 23

2.2　试验内容 ··· 24

 2.2.1　配合物 $[CuBr(TPB)]_n$ (**1**) 的合成与表征 ············· 24

 2.2.2　配合物 $[Cu_3I_3(TPB)_2]_n$ (**2**) 的合成与表征 ········· 25

2.2.3 配合物 **1** 和 **2** 作为催化剂催化串联叠氮化/炔基化反应及表征 …………………………………………………………… 25
2.3 试验结果与讨论 …………………………………………………… 25
2.3.1 二维 Cu^I—MOFs 的结构分析及表征 ………………………… 25
2.3.2 二维 Cu^I—MOFs 催化串联叠氮化/炔基化反应 …………… 28
2.4 本章小结 …………………………………………………………… 37
参考文献 ………………………………………………………………… 37

第3章 三维多孔 Cu^I—MOFs 材料催化 C—H 键羰基反应 …… 40
3.1 引言 ………………………………………………………………… 40
3.2 试验内容 …………………………………………………………… 41
3.2.1 配体 1,2,4,5-四氮唑基苯基苯（H_4TTPB）的合成 ……… 41
3.2.2 $\{(NEt_4)_{0.5}[Cu_3(TTPB)_{0.75}(CN)_{0.5}(H_2O)]\cdot H_2O\}_n$ (**3**) 的合成与表征 …………………………………………………………… 42
3.2.3 $\{[Cu_2(TTPB)_{0.5}]\cdot DMF\cdot 2H_2O\}_n$ (**4**) 的合成 ………… 42
3.2.4 Cu^I—MOFs 催化芳基环烷烃的 C—H 键的活化反应 …… 42
3.3 试验结果与讨论 …………………………………………………… 42
3.3.1 三维多孔 Cu^I—MOFs 的结构分析及表征 ………………… 42
3.3.2 三维多孔 Cu^I—MOFs 催化 C—H 键羰基反应 …………… 45
3.4 本章小结 …………………………………………………………… 49
参考文献 ………………………………………………………………… 49

第4章 Ag—MOFs 材料催化串联酰化—纳扎罗夫环化反应 …… 52
4.1 引言 ………………………………………………………………… 52
4.2 试验内容 …………………………………………………………… 54
4.2.1 1,2,4,5-四氮唑基苯（H_4TTB）配体的制备与表征 ……… 54
4.2.2 配合物 $[Ag_4(TTB)(H_2O)_2]_n$ (**5**) 的合成与表征 ………… 54

    4.2.3 配合物 $[Ag_4(TTB)(H_2O)_3]_n$ (**6**) 的合成 ·················· 54
    4.2.4 配合物 $[Ag_4(TTB)(H_2O)_4]_n$ (**7**) 的合成 ·················· 55
    4.2.5 串联酰化—纳扎罗夫环化反应用于环戊烯酮[b]吡咯框架
          合成的典型过程 ··· 55
  4.3 试验结果与讨论 ··· 55
    4.3.1 Ag—MOFs 的结构分析及表征 ··································· 55
    4.3.2 Ag—MOFs 选择性催化串联酰化—纳扎罗夫环化反应 ······ 62
  4.4 本章小结 ··· 68
  参考文献 ··· 69

第5章 溶剂模板调控 Zn—MOFs 材料催化的精准组装 ············· 73
  5.1 引言 ··· 73
  5.2 试验内容 ··· 74
    5.2.1 $\{[Zn_2(pdpa)(H_2O)_2]\cdot 2H_2O\}_n$(**8**)的合成与表征 ········ 74
    5.2.2 $\{[Zn_4(pdpa)_2(H_2O)_8]\cdot H_2O\}_n$(**9**)的合成与表征 ········· 74
    5.2.3 $\{[Zn_5(pdpa)_2(\mu_3\text{-}OH)_2(H_2O)_3]\cdot 6H_2O\cdot CH_3OH\}_n$(**10**)的
          合成与表征 ··· 74
    5.2.4 Zn—MOFs 催化串联酰化—纳扎罗夫环化反应 ················ 75
  5.3 试验结果与讨论 ··· 75
    5.3.1 Zn—MOFs 的结构分析及表征 ··································· 75
    5.3.2 Zn—MOFs 选择性催化串联酰化—纳扎罗夫环化反应 ······ 80
  5.4 本章小结 ··· 84
  参考文献 ··· 85

第6章 溶剂调控 Co—MOFs 材料催化串联 C—N 键环化反应 ······ 89
  6.1 引言 ··· 89
  6.2 试验内容 ··· 90

6.2.1　$\{[Co_2(pdpa)(CH_3CN)(H_2O)_3]\cdot CH_3OH\cdot H_2O\}_n$(**11**)的
合成与表征 …………………………………………………… 90

6.2.2　$\{[Co_2(pdpa)(CH_3CN)(H_2O)_3]\}_n$(**12**)的合成与表征 …… 90

6.2.3　$\{[Co_5(pdpa)_2(\mu_3\text{-}OH)_2(H_2O)_6]\cdot 2H_2O\}_n$(**13**)的
合成与表征 …………………………………………………… 90

6.2.4　Co-MOFs **11~13** 作为催化剂催化串联 C—N 键环化反应 … 90

6.3　试验结果与讨论 ………………………………………………………… 91

6.3.1　Co—MOFs 的结构分析及表征 ……………………………… 91

6.3.2　Co—MOFs 催化串联 C—N 键环化反应 …………………… 96

6.4　本章小结 ………………………………………………………………… 101

参考文献 …………………………………………………………………………… 101

第7章　Cu^{II}—MOFs 可逆结构转变调控催化氰基反应 ……………………… 104

7.1　引言 ……………………………………………………………………… 104

7.2　试验内容 ………………………………………………………………… 105

7.2.1　配合物$\{(H_3O)[Cu(CPCDC)(4,4'\text{-}bpy)]\}_n$(**14**)的
合成与表征 …………………………………………………… 105

7.2.2　配合物$\{[Cu(CPCDC)(4,4'\text{-}bpe)]\}_n$(**15**)的
合成与表征 …………………………………………………… 105

7.2.3　配合物$\{(H_3O)[Cu(CPCDC)(4,4'\text{-}bpy)]\}_n$(**14a**)的
合成与表征 …………………………………………………… 106

7.2.4　配合物 **14** 和 **15** 作为催化剂直接实现氰基反应及
表征 …………………………………………………………… 106

7.3　试验结果与讨论 ………………………………………………………… 106

7.3.1　Cu^{II}—MOFs 可逆结构转变的分析及表征 ………………… 106

7.3.2　Cu^{II}—MOFs 调控催化氰基反应 …………………………… 113

7.4　本章小结 ………………………………………………………………… 121

参考文献 122

第8章 单位点 Cu^{II}—MOFs 选择性催化卤化反应 126
8.1 前言 126
8.2 试验内容 127
8.2.1 配合物 $\{[Mn(Hidbt)DMF]\cdot H_2O\}_n$ (**16**) 的合成与表征 127
8.2.2 配合物 $\{[Mn_3(idbt)_2(H_2O)_2]\cdot 3H_2O\}_n$ (**17**) 的合成与表征 127
8.2.3 配合物 $\{[Mn_2Cu(idbt)_2(H_2O)_2]\cdot 3H_2O\}_n$ (**18**) 的合成与表征 127
8.2.4 典型的催化苯酚区域选择性卤化反应及表征 128
8.3 试验结果与讨论 128
8.3.1 单位点 Cu^{II}—MOFs 的结构分析及表征 128
8.3.2 单位点 Cu^{II}—MOFs 选择性催化 C—H 键卤化反应 134
8.4 本章小结 138
参考文献 139

第9章 阴离子框架 Cu^{I}—MOFs 与中心框架 $Cu^{I}Cu^{II}$—MOFs 价态互变调控 C—H 键芳基反应 142
9.1 引言 142
9.2 试验内容 144
9.2.1 配合物 $\{(H_3O)[Cu_2(CN)(TTB)_{0.5}]\cdot 1.5H_2O\}_n$ (**19**) 的合成与表征 144
9.2.2 配合物 $\{[Cu^{I}Cu^{II}(TTB)(CN)]\cdot 1.5H_2O\}_n$ (**20**) 的合成与表征 144

9.2.3 配合物$\{(H_3O)[Cu_2(TTB)_{0.5}(CN)]\cdot 2H_2O\}_n$(**19a**)的合成与表征 ………………………………………………… 144

9.2.4 配合物$\{(TEAH)[Cu_2(TTB)_{0.5}(CN)]\cdot H_2O\}_n$(**21**)的合成与表征 ………………………………………………… 144

9.2.5 配合物$\{(DIPAH)[Cu_2(CN)(TTB)_{0.5}]\cdot 0.5H_2O\}_n$(**22**)的合成与表征 ………………………………………………… 144

9.3 试验结果与讨论 ………………………………………………… 145

9.3.1 Cu^I—MOFs 与 $Cu^I Cu^{II}$—MOFs 价态互变的结构分析及表征 ………………………………………………… 145

9.3.2 Cu^I—MOFs 与 $Cu^I Cu^{II}$—MOFs 调控 C—H 键芳基反应 … 155

9.4 本章小结 ………………………………………………… 160

参考文献 ………………………………………………… 161

第1章

绪论

催化剂是化学工业和制备过程的核心,是有效地和有选择地实现化学键的生成和断裂的工具,使化学品或试剂转变成有价值的产品。研究发现,MOFs作为催化剂在合成化学领域已经有显著的发展。从催化的观点来看,MOFs在液—固相化学反应领域应用非常具有吸引力,由于它既拥有均相催化剂的独特催化位点,又伴随着非均相催化剂分离简单和回收利用的优点。同时,MOFs的结构和框架可以根据催化作用的需要设计或者修饰,形成特定的孔洞和内部化学环境,作为反应室,实现其催化作用。整体来讲,MOFs催化剂的活性中心可分为以下三个:金属中心、功能化的有机配体、孔洞中包裹的活性中心的催化剂。MOFs的催化作用已经得到发展,并且MOFs已经被直接用作固体催化剂,或者作为前驱体进行修饰支撑形成新的催化剂,应用到一系列的有机催化反应中。

1.1 引言

金属有机框架(MOFs)是金属有机材料(MOMs)中被广泛研究并应用的一类重要的新型材料[1-3]。MOFs是发展最快的新型无机—有机杂化材料,因为它将有机和无机化学这两个独立的学科完美地结合。MOFs最吸引人的特点是它们自身的晶态、高的比表面积(可达到10400m^2/g)[4]、大的孔径(98Å❶)[5]和低密度(0.13g/cm^3)[6]。MOFs在化学和材料科学领域中发展较快,不仅是因为它有迷人的拓扑结构,而且因为它在功能材料中的潜在应用。MOFs在气体储藏、纯化、分子传感、药物传输、生物医学、光致发光、分子基础磁体和光催化等方面的广阔应用前景吸引着大家的广泛注意力(图1-1)[7-12]。

---

❶ 1nm=10Å。

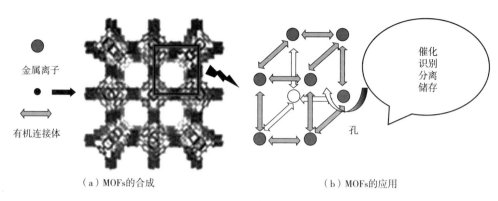

(a) MOFs的合成　　　　　　(b) MOFs的应用

图1-1　MOFs的精确构筑及应用

MOFs最重要的特点是它潜在的内部多孔性，可以让客体分子进入，这点对催化反应尤其重要。

沸石类在商业上是重要的催化剂种类。众所周知，MOFs和沸石类之间是相似的，无机材料沸石类框架刚性强健，适于酸碱高温的反应条件，它们结构内部的多孔性，赋予其大的比表面积，促进催化反应发生在内部框架的孔洞里面。结晶状的MOFs具有多种催化剂的优势特点，例如，沸石类大的内表面面积、有序的气孔和孔洞。但是，MOFs在几个重要的方面不同于沸石。

第一，MOFs可以构建出更多结构新颖的多孔配位聚合物[13]；第二，在大多数情况下，MOFs表现出较高的热稳定性，一些MOFs稳定性甚至达到了500℃，这表明MOFs材料作为催化剂对于所需反应条件苛刻的反应来说，是有明显优势的，而且，它们还可以在温和的条件下催化高附加值的反应（生产精细化学品、细腻分子、单个对映体等）[14]；第三，除去溶剂分子后孔洞的持久性，对于气相催化、气体分离、气体贮存是至关重要的，但是对于固相的催化反应却不是必需的[15]。另外，MOFs孔道的尺寸大小及形状是均匀性的和可控性的，这使其在催化反应体系中表现出高的催化选择性。

迄今为止，沸石作为非均相催化剂应用于许多工业生产过程中。但是，对于体积庞大的生产和高附加值的反应，由于它们的小孔径而受到局限。MOFs的多功能性、多孔性、可调谐性和合成方法的灵活性使它的应用比沸石和酶更广泛[16]。

目前，MOFs研究领域中，作为非均相催化剂的研究是一个热点和难点。MOFs作为催化剂的基础是依赖于其框架内部的活性位点：金属中心和功能化有机配体单独/共同作用，形成催化活性中心[17]。特别是有机配体作为桥连配体支撑 MOFs 框架，可以把无机前驱体、双功能的有机分子和一些纳米颗粒固定或者包裹在 MOFs 框架内部。由于 MOFs 合成的灵活性，使其在制备 MOFs 时，可以选择性地控制孔洞的大小和孔洞周围的配位环境，使其在催化反应中的选择性分离变得更加快速简单高效。MOFs 孔洞可以作为主客体容纳一些小分子（活性均相催化剂）或者支撑金属或金属氧化物的纳米粒子。

这些特性可以通过化学合成或修饰获得，并且可以区分 MOFs 材料和其他多孔纳米材料，例如沸石和活性炭等。大量结构新颖的 MOFs 被设计合成出来，并且筛选应用到非均相催化剂的领域；但是仍有许多 MOFs 材料的催化性能没有被研究和利用，因此，MOFs 在非均相催化领域的应用有非常广阔的前景。

化学工业已经成为推动世界经济发展不可或缺的一部分[18]。与此同时，化工产品制造时产生的大量危害环境的废料需要及时处理。研究发现，非均相催化剂在减少浪费等方面在化学/化工制造领域扮演越来越重要的角色，特别是在制造业产生的废水处理领域的应用[19]。从经济和环境的角度考虑，具有绿色的和高效的非均相催化体系将具有很大的驱动力来取代均相催化体系。非均相催化剂之所以优于传统的均相催化剂，是因为它更容易分离、可重复使用、减少浪费、绿色和有利于产品的分离和提纯[20]。因此，最近二十年的研究表明，由于它们被认为是对环境友好的催化剂而取代传统催化剂，MOFs 作为非均相催化剂已经在工业生产中显示出其很高的价值。

现在，利用 MOFs 作为固体催化剂应用于液—固相的有机催化反应中，吸引了越来越多的科研工作者的兴趣。优先利用配位聚合物（CPs）作为非均相催化剂是由 Fujita 课题组报道的 Cd-bpy 吡啶框架 $[Cd(bpy)_2 \cdot (NO_2)_3]$（bpy = 4,4-联吡啶），用于催化乙醛和三甲基氰基硅烷的硅氢化反应合成 2-（三甲基硅氧基）苯基乙腈 [2-(trimethylsiloxy) phenylacetonitrile]，并且收率可达到 77%[19]。随后，Llabrés 课题组报道了一例 2D 框架含 Pd（Ⅱ）节点的平面四边形结构 $[Pd(2-pymo)_2]_n$（2-pymo = 2-羟基嘧啶 = 2-hydroxypyrimidinalote），用于催化一系列反应，例如铃木偶联、烯烃氢化作用和醇类的需氧氧化反应[20]。近期的研究发现，通过合理的设计选择有机配体可以合成具有特定功能的催化剂，并且可以通过不断地尝试催化反应类型，形成被定义为"第二代"的催化材料，例如，$Cu_3(btc)_2$ 或 HKUST 和 MOF-199 $[Cu_2(btc)_{3/4}]$（H_3btc = 1,3,5-苯三甲酸 = benzene-1,3,5-tricarboxylic acid）等，其大的孔洞结构使其在金属周围包含易于离去配位溶剂分子，在反应过程中溶剂分子离去形成不饱和的金属，参与催化反应[21-22]。此外，具有路易斯酸位点的MOFs，可以催化苯甲醛和丙酮的硅腈化反应[23]，路易斯碱位点的MOFs可以催化苯甲醛和氰基乙酸乙酯或者乙酰乙酸乙酯发生的脑文格缩合反应（Knoevenagel condensation）反应[24]。

尽管，MOFs在非均相催化领域表现出新的机遇，同时许多的MOFs催化剂被报道，但是仍然需要进一步确保它们在各种反应条件下的稳定性、活性和选择性以及避免MOFs经过长时间使用后失去活性。许多报道都讨论了MOFs的可重复使用性，但是只有很少的报道专注于结构的变化和利用光谱技术对比其他催化剂的可循环次数、是否易于恢复其催化活性[25]。同时，相对较低的热稳定性是限制MOFs在一些高温反应中应用的另外一个因素。金属的损失或框架的坍塌在反应过程中是其应用在非均相催化领域的关键性难点。因此，在反应过程中必须通过化学分析反应后的滤液或者通过热过滤实验检测确认其框架是否坍塌或变化。另外，为了解决其在工业生产中应用的难题，需要合理设计MOFs催化剂，以确保它们的热稳定性和化学稳定性满足催化反应的要求。

设计合成新颖的催化材料实现其在各种各样的有机催化反应中的应用是急需解决的问题。MOFs材料作为催化剂既融合了非均相催化剂对于有机反应后的简单分离、催化剂的可重复利用、高度的稳定性等特点，又包含了均相催化的高反应效率、高选择性、可控性和温和的反应条件等特点。MOFs结构中的活性中心，像金属节点、功能化的有机配体以及通过化学合成的包裹的纳米颗粒，使功能化MOFs材料应用到特定催化领域存在着挑战。

关于MOFs作为非均相催化剂在功能化催化领域的研究发现，它们的催化行为主要表现在金属节点的催化作用、框架节点设计的催化作用、MOF-封装分子催化、空腔修饰的催化作用及封装纳米颗粒催化等方面。MOFs作为非均相催化剂依靠框架中的活性位点实现多种复杂的有机反应，可以选择性地实现脑文格（Knoevenagel）缩合反应[26-28]、羟醛缩合（Aldol缩合）[29-30]、氧化反应[31-33]、环氧化物的合成反应[34-37]、加氢反应[38-40]、铃木（Suzuki）偶联反应[41-42]、缩酮反应[43]、开环反应[44-45]、胺的烷基化反应[46]、环丙烷化反应[47-48]、亨利（Henry）反应[49]、付-克（Friedel-Crafts）反应[50-53]、硅腈化反应[54-55]、环化反应[56-57]、佛里兰德（Friedlander）喹啉合成反应[58]、缩醛反应[59]、加氢甲酰化[60]、比吉内利（Biginelli）反应[61]、克莱森-施密特缩合反应[62]、贝克曼重排[63]、薗头（Sonogashira）反应和聚合反应[64-65]（图1-2）。

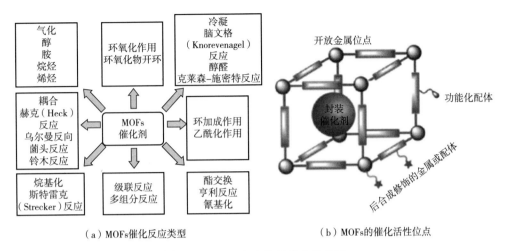

（a）MOFs催化反应类型　　　　（b）MOFs的催化活性位点

图1-2　MOFs在有机反应中的应用

1.2　含金属活性中心的MOFs催化材料

金属、金属离子和过渡态金属配合物被广泛地作为均相催化剂催化转化大量的有机反应。基于MOFs的非均相催化剂，在其框架内部位于结构中节点的金属离子/金属簇作为催化活性中心用于催化化学转化，尤其是作为路易斯酸催化剂。在设计合成MOFs的过程中，框架内部孔洞中的客体溶剂分子，可以通过加热的途径去除，活化其框架的活性中心，有利于高效地实现催化反应。同时，当催化活性中心是以金属节点为基础，而不是MOFs框架内部中的孔道时，多微孔的MOFs框架担当类似于均相催化剂的角色。

1.2.1　不饱和的金属活性中心

为了获得最优的催化性能，两种不同类型的策略被提出：①引入有机基团来提供客体可以进入的功能有机位点[66-67]，②形成不饱和的金属活性中心[68]。如果金属活性中心是配位饱和的，有机反应可以以非共价键相互作用的方式与反应底物通过氢键、π—π重叠等形式形成弱作用力连接反应底物，诱发它们的活性作用。如果溶剂分子参与金属原子的配位，溶剂分子的离去可以使金属原子的活性提高。这种类型的MOFs一般叫作"有金属空位点的MOFs"或者"不饱和金属配位的MOFs"。并且，MOFs通过加热、溶剂交换和抽真空等方法可以被活化（除去相互协调的溶剂），形成不饱和的金属活性中心。同时，研究发现，不同的金属离子，例如 Ag（Ⅰ），Co（Ⅱ），Cu（Ⅰ/Ⅱ），Zn（Ⅱ），Mn（Ⅱ），Mg（Ⅱ），Ni（Ⅱ），Fe（Ⅱ），Pd（Ⅱ），Ti（Ⅲ），Cr（Ⅲ），Bi（Ⅲ），Al（Ⅲ），Sc（Ⅲ），Ce（Ⅲ），Zr（Ⅳ）和 V（Ⅲ/Ⅳ），在 MOFs 催化作用中已经具有明确的活性中心（不饱和的时候）[69-73]。

例如，通过动力学的合成过程制备了一个新颖的卟啉 Zr-MOF，该 MOF 通过有机配体连接 Zr_6 簇，形成了具有 shp-a 结构的网络框架，并且它在不同 pH 的水溶液中可以稳定地存在[74]。随后，通过化学合成的方法将 Fe（Ⅲ）离子引入卟啉环的中心保护电子给体，可以作为非均相催化剂高效地实现狄尔斯—阿尔德反应（Diles-Alder）（图 1-3）。并且含有缺电子基团的底物不适合该催化剂，同时，当底物尺寸大于其一维孔洞的大小时，其催化产率明显下降。此外，实验结束后，通过简单的离心、洗涤，MOF 催化剂可以继续使用，没有出现明显的失活，MOF 催化剂的稳定性通过循环实验证实，5 轮试验后其催化产率没有明显下降，该催化剂可以循环利用。

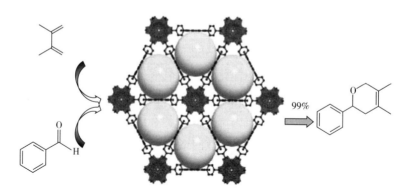

图 1-3 Zr-MOF 催化狄尔斯—阿尔德反应

1.2.2 酸性框架 MOFs 催化活性中心

可重复利用和高容忍性的 MOFs 催化剂，例如非均相路易斯酸催化剂，快速代替了传统途径制备的酸催化剂。不同于传统的金属配合物催化剂，MOFs 本身具有的优势是金属活性中心不需要进一步调控，有机配体提供支撑框架，连接金属中心并允许金属活性中心模仿自然内酶的催化途径。同时，移除金属离子周围的配位溶剂分子，不仅产生活化的 MOFs 框架，也可以形成路易斯酸特点的催化活性位点，使其广泛地应用到 MOFs 催化领域。MOFs 催化剂的设计合成基础是次级结构单元/明轮状金属簇（SBUs/paddle-wheel）等，形成路易斯酸类型的催化剂，高效广泛地应用到硅腈化反应[54]、萜烯的异构化作用[29]、烯烃的氢化作用[59,62]、CO_2的环加成反应和醇的需氧氧化作用[43,49]。

例如，通过溶剂热法成功地合成了高孔隙度的MOF-199，该MOF可以在700℃的空气中稳定地存在[74]。MOF-199是一种高效的非均相可回收利用的酸性催化剂，可催化苄胺和丙烯酸乙酯的氮杂迈克尔（Aza-Michael）加成反应，生成相应的乙基-（2-苄氨基）乙酯（A），作为主产物其产量超过98%~99%（图1-4）。并且随着反应时间延长，单加成产物（A）含有的N—H键可以进一步与丙烯酸乙酯反应得到双加成产物（B）。研究发现，加入5%（摩尔分数）MOF-199，反应1h后有89%的转化率，降低催化剂的浓度可使反应速率降低，但是在催化剂摩尔分数是2.5%和1%时，反应1 h仍然分别有88%和84%的转化率。为了证明MOF-199是路易斯酸催化活性中心，在有碱（吡啶）存在的情况下重复反应，导致反应速率戏剧性地降低（转化率只有46%）。

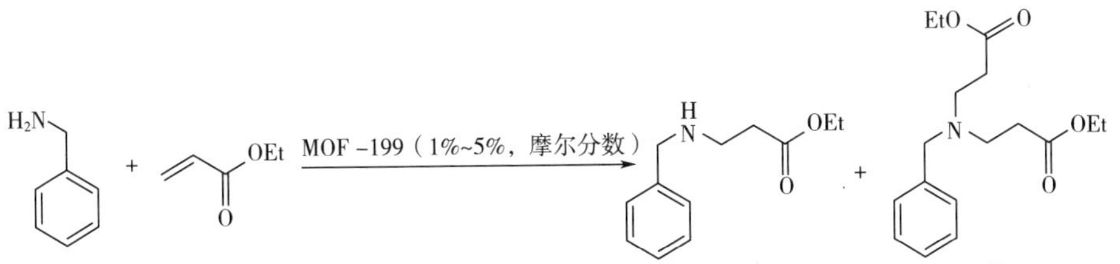

图1-4 MOF-199催化实现Aza-Michael加成反应

1.2.3 氧化还原活性的金属活性中心

具有氧化还原活性的金属有机框架（ra-MOFs），来源于直接融合具有氧化还原活性的活性中心（氧化还原活性的金属或有机桥连配体）在金属有机框架（MOFs）中得到了迅速增长，由于其可发生可逆或不可逆的单晶到单晶（SCSC）的转换，使其可以作为催化剂开关实现一些新颖的催化反应。然而，目前对这方面的研究报道相对较少，并且是研究的热点领域。

例如，林（Lin）等首先合成了一个Ru（Ⅲ）—MOF，并且可以被还原剂通过SCSC的途径还原形成Ru（Ⅱ）—MOF[75]。随后，Ru（Ⅱ）—MOF可以被空气中的氧气所氧化形成Ru（Ⅲ）—MOF，并且变化前后其框架没有发生变化。这种在晶态下发生可逆的SCSC转换，赋予了其可以作为催化剂开关，实现环丙烷的分离和拆分（图1-5）。

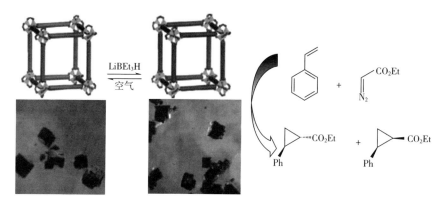

图 1-5 可逆催化剂开关的设计及催化反应

1.3 含功能化有机桥连配体的 MOFs 催化材料

功能化的有机桥连配体或具有特殊官能团的有机桥连配体通过修饰引入另外一种或几种活性中心，进行后合成修饰，可以调节其在非均相催化剂方面的应用。具有催化活性的功能化有机基团构建的 MOFs 催化体系已经得到了发展，但是所构建的功能化的 MOFs 在成为一个有希望的新型非均相催化剂前，仍然需要评估其催化活性、失活作用和稳定性及各种有机官能团在催化作用中所起的作用。

1.3.1 手性配体构筑的手性 MOFs

MOFs 材料在非均相催化领域中提供了一个高度的可调整的平台，例如不对称催化反应，这是常规的多孔无机材料催化剂所不具备的。纯手性的 MOFs 材料可以用于一系列对映体的选择性分离，包括光学异构体的分离、对映选择性反应和多相不对称转变的催化反应。此外，纯手性 MOFs 催化剂还可以实现对分子的立体选择性识别。由于纯手性的 MOFs 材料可以根据孔洞的大小和形状限定反应底物的尺寸和形状，实现高度的对映选择性，因此它们可以用于非均相的不对称催化转换。在不对称 MOFs 催化剂中，如果把金属离子置于手性环境中，金属离子可以充当不对称催化剂的活性中心。

例如，林（Lin）等设计合成了不同尺寸大小的手性配体，并构筑了一系列同构的包含不同尺寸孔洞的 Zn—CMOFs，研究了它们对烯烃的不对称环氧化作用[76]（图 1-6）。他们总结发现，Zn—CMOFs 框架内部的孔洞大小对反应速率有较大的影响,并且当反应的底物尺寸大于其孔洞时,催化反应明显变慢。并证明了催化剂对烯烃环氧化和环氧化物开环反应有高度的区域选择性和立体选择性,同时通过循环试验证明该催化剂可以被重复利用。

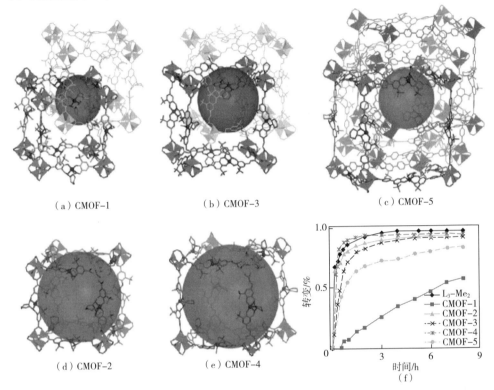

图 1-6 锌基手性 MOFs(Zn—CMOFs)孔洞尺寸对不对称环氧化作用的影响

1.3.2 含特殊官能团的有机配体

MOFs 催化剂材料的后合成修饰(PSM)是通过化学转变的方法使框架上的官能团参与反应,修饰之后其整体框架基本不发生变化,甚至大多数晶型都没有变化,可以获得最终的晶体结构。MOFs 材料的 PSM 可以构建出不同于最初 MOFs 的新的物理和化学性质,形成新的金属成键位点。用这种方法,金属离子和有机配体可以选择性地制备一些 MOFs 催化剂,经过修饰后的 MOFs 催化剂因具有某些特定的功能,可以调控 MOFs 材料的催化性能[77-78](图 1-7)。

例如,利用一个含有巯基(—SH)的类对苯二酸(2,3-二巯基对苯二甲酸,2,3-dimercaptoterephthalic acid)合成了一个刚性的 UiO 类型的笼子状 Zr—MOF[79]。随后,对框架配体上的巯基进行修饰,通过后合成修饰(PSM)把具有活性的

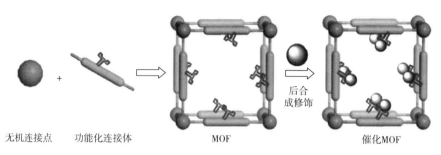

图 1-7 MOFs 的组装过程及通过 PSM 得到的催化性能

Pd 离子引入框架内部，形成了具有单位点和配位不饱和的催化活性中心。修饰后的 MOFs 可以作为非均相催化剂高效地和有选择性地实现杂环的 sp^2 C—H 活化反应（图 1-8）。

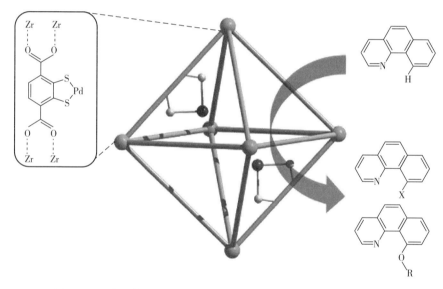

图 1-8 后合成修饰（PSM）的 MOFs 催化实现 sp^2 C—H 活化反应

1.3.3 混合配体形成的 MOFs 催化剂

通过直接合成或合成后修饰（PSM）策略在 MOFs 材料中固定多种类型的酸和碱活性位点，构建 MOF 框架作为酸和碱活性物质结合的混配体催化剂，用于串联反应。例如，通过酰胺类吡啶配体和多种类间苯二甲酸形成了一系列结构新颖的 Zn-MOFs，并研究了它们的脑文格缩合反应（Knoevenagel condensation）（图 1-9）[80]。催化结果表明，酰胺吡啶配体中的酰胺基（—NH）和 5-氨基间苯二酸中的氨基（—NH₂）共同存在的情况下，对其催化效果最好，并表现出较高的分离产率。同时，对反应底物的形状和尺寸有好的选择性。

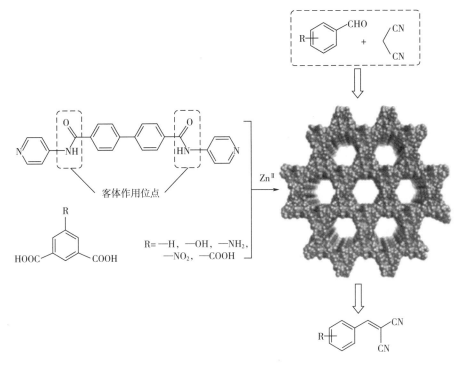

图 1-9　配体共同作用 Zn-MOFs 催化反应

1.4　包裹或封装催化活性中心的 MOFs 催化材料

MOFs 材料作为一类新的催化剂，在其框架内部可以包裹或封装一些具有催化活性的客体物，如多金属氧酸盐（POMs）、金属卟啉、金属纳米颗粒或金属纳米氧化物，扩大其应用范围（图1-10）。对于大多数微孔 MOFs 材料，由于其孔洞的尺寸过小，不能包裹或封装大尺寸活性中心，并可能导致仅在表面上的吸附。然而最近的研究发现，介孔 MOFs 材料的发展可以为酶催化提供条件，利于封装催化活性的客体。此外，由于 MOFs 材料框架结构的设计合理性，可以为催化活性的客体物作固定支撑，并且根据 MOFs 材料的结构特征（尺寸/体积、形状、有机官能团内孔表面的修饰），MOFs 的孔洞内部可以产生高活性的活性客体物质。

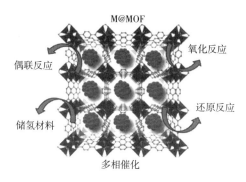

图 1-10 MOFs 催化剂包裹活性客体物质

1.4.1 MOFs 框架内部包裹多金属氧酸盐

多金属氧酸盐（POMs）作为催化剂具有许多优点，由于其经济性和环保因素引起了人们的关注。多金属氧酸盐是配合物的质子酸，由金属—氧八面体的杂多阴离子作为基本结构单元。例如，把 POM 封装到 MOFs 中合成了包含 POM 的复合物 POM-MOF，这种复合物由 12Å 和 16Å 的类球形孔形成[81]。外部空腔为 15Å 的六边形，内部空腔为 12Å 的五边形（图 1-11）。封装后的 POM—MOF 可以作为温和的非均相催化剂，催化转化苯甲醛（benzaldehyde）和氰乙酸乙酯（ethyl cyanoacetate）的脑文格（Knoevenagel）缩合反应；同时，POM—MOF 封装的催化剂促进了乙酸和正丁醇液相酸催化酯化以及甲醇（醚）的气相酸催化脱水。

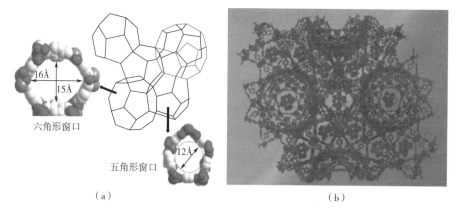

图 1-11 POM—MOF 中催化转化脑文格缩合反应

1.4.2 金属卟啉封装的 MOFs 催化剂

卟啉和金属卟啉（MP）的分子具有独特的电子结构、化学和物理性质。具有永久通道和空穴的 MOFs 材料可以用作催化剂的基本单元，基于卟啉的 MOF 催化剂的研究已经取得一定的进展。目前，基于卟啉的 MOF 催化剂的设计合成主要是使用功能性的卟啉分子作为有机链接体，研究表明，采用"一锅煮"自组装的方法使阳离子卟啉封装到一个空腔沸石类 MOF 和 HKUST-1 中是提高催化活性的主要途径[82]。MP—MOF 的制备及其催化氧化反应如图 1-12 所示。

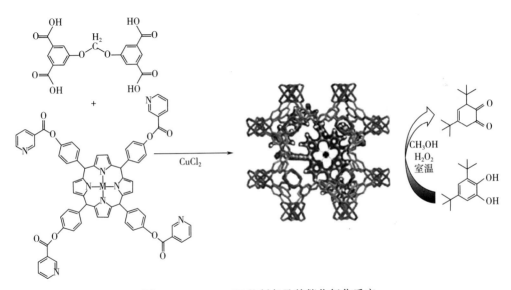

图 1-12 MP—MOF 的制备及其催化氧化反应

1.4.3 纳米颗粒或纳米氧化物封装的 MOFs 催化剂

利用多孔 MOFs 材料作为支撑，把金属纳米颗粒（MNPs）固定化，可以形成具有高催化活性的 MNP@MOF 催化剂。由于在 MOFs 的内部固定 MNPs，可以控制粒子成核和生长的优势，并且在闭腔内减少颗粒团聚，因此有利于形成纳米尺寸的颗粒。把 MNPs 固定到 MOFs 材料的方法有很多，包括浸入法、初湿浸渍法、固体研磨沉积法、MOFs 的连续沉积物还原固定核壳异质 MNPs[81,83-85]。MOFs 固定化的 MNPs 系统有三种可能：①MNPs 嵌入指定 MNP@MOF 的 MOFs 纳米孔；②MNPs 固定在指定 MNP/MOF 的 MOFs 材料的介孔表面；③MOFs 材料结构围绕指定 PS—MNP@MOF 预稳定的 MNPs。

例如，以纳米钯（Pd）为核心，MOFs 为壳，制备均匀的核—壳 Pd@ MOF 结构（图1-13）[86]，在串联反应中，由于其独特的核—壳结构，Pd@ MOF 表现出较高的活性、选择性和优异的稳定性，高效地催化转化 4-硝基苯甲醛（4-nitrobenzaldehyde，A）和丙二腈的脑文格（Knoevenage）缩合反应，形成中间体 B，并经串联加氢化反应，产生 2-（4-氨基亚苄基）-丙二腈［2-（4-aminobenzylidene）-malononitrile，C］。

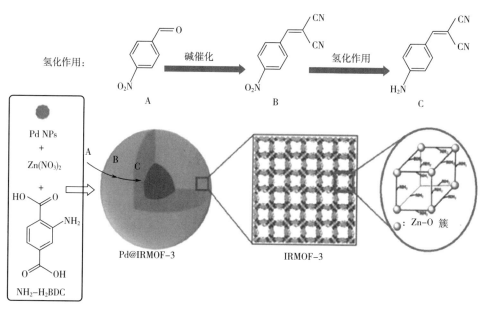

图 1-13 核—壳 Pd@ MOF 纳米催化剂催化串联脑文格（Knoevenage）缩合反应

参考文献

［1］HILLE R，HALL J，BASU P. The mononuclear molybdenum enzymes［J］. Chemical Reviews，2014，114：3963-4038.

［2］KOKOTAILO G T，LAWTON S L，OLSON D H，et al. Structure of synthetic zeolite ZSM-5［J］. Nature，1978，272：437-438.

［3］HORIKE S，SHIMOMURA S，KITAGAWA S. Soft porous crystals［J］. Nature Chemistry，2009，1：695-704.

［4］KRAUSE S，HOSONO N，KITAGAWA S. Chemistry of soft porous crystals：structural dynamics and gas adsorption properties [J]. Angewandte Chemie International Edition, 2020, 59: 15325-15341.

[5] KALMUTZKI M J, HANIKEL N, YAGHI O M. Secondary building units as the turning point in the development of the reticular chemistry of MOFs [J]. Science Advances, 2018, 4: eaat9180.

[6] DING M, FLAIG R W, JIANG H L, et al. Carbon capture and conversion using metal-organic frameworks and MOF-based materials [J]. Chemical Society Reviews, 2019, 48: 2783-2828.

[7] SHAO Z, CHEN J, GAO K, et al. A double-helix metal-chain metal-organic framework as a high-output triboelectric nanogenerator material for self-powered anticorrosion [J]. Angewandte Chemie International Edition, 2022, e202208994.

[8] WANG C, AN B, LIN W. Metal-organic frameworks in solid-gas phase catalysis [J]. ACS Catalysis, 2018, 9: 130-146.

[9] ZHANG Y, HUANG C, MI L. Metal-organic frameworks as acid-and/or base-functionalized catalysts for tandem reactions [J]. Dalton Transactions, 2020, 49: 14723-14730.

[10] BAVYKINA A, KOLOBOV N, KHAN I S, et al. Metal-organic frameworks in heterogeneous catalysis: recent progress, new trends, and future perspectives [J]. Chemical Reviews, 2020, 120: 8468-8535.

[11] DHAKSHINAMOORTHY A, LI Z, GARCIA H. Catalysis and photocatalysis by metal organic frameworks [J]. Chemical Society Reviews, 2018, 47: 8134-8172.

[12] WANG H F, CHEN L, PANG H, et al. MOF-derived electrocatalysts for oxygen reduction, oxygen evolution and hydrogen evolution reactions [J]. Chemical Society Reviews, 2020, 49: 1414-1448.

[13] ZHU L, LIU X Q, JIANG H L, et al. Metal-organic frameworks for heterogeneous basic catalysis [J]. Chemical Reviews, 2017, 117: 8129-8176.

[14] ZANON A, VERPOORT F. Metals@ ZIFs: Catalytic applications and size selective catalysis [J]. Coordination Chemistry Reviews, 2017, 353: 201-222.

[15] BABUCCI M, GUNTIDA A, GATES B C. Atomically dispersed metals on well-defined supports including zeolites and metal-organic frameworks: structure, bonding, reactivity, and catalysis [J]. Chemical Reviews, 2020, 120:

11956-11985.

[16] PASCANU V, GONZÁLEZ MIERA G, Inge A K, et al. Metal-organic frameworks as catalysts for organic synthesis: A critical perspective [J]. Journal of the American Chemical Society, 2019, 141: 7223-7234.

[17] ROGGE S M J, BAVYKINA A, HAJEK J, et al. Metal-organic and covalent organic frameworks as single-site catalysts [J]. Chemical Society Reviews, 2017, 46: 3134-3184.

[18] GOETJEN T A, LIU J, WU Y, et al. Metal-organic framework (MOF) materials as polymerization catalysts: a review and recent advances [J]. Chemical Communications, 2020, 56: 10409-10418.

[19] FUJITA M, KWON Y J, WASHIZU S, et al. Preparation, clathration ability, and catalysis of a two-dimensional square network material composed of cadmium (II) and 4,4′-bipyridine [J]. Journal of the American Chemical Society, 1994, 116: 1151-1152.

[20] LLABRÉSI F X, ABAD A, CORMA A, et al. MOFs as Catalysts: Activity, Reusability and Shape-selectivity of a Pd-containing MOF [J]. Journal of Catalysis, 2007, 250: 294-298.

[21] LEE J Y, FARHA O K, ROBERTS J, et al. Metal-organic framework materials as catalysts [J]. Chemical Society Reviews, 2009, 38: 1450-1459.

[22] GROMMET A B, FELLER M, KLAJN R. Chemical reactivity under nanoconfinement [J]. Nature Nanotechnology, 2020, 15: 256-271.

[23] MITSCHKE B, TURBERG M, LIST B. Confinement as a unifying element in selective catalysis [J]. Chem, 2020, 6: 2515-2532.

[24] LIU L, CORMA A. Confining isolated atoms and clusters in crystalline porous materials for catalysis [J]. Nature Reviews Materials, 2021, 6: 244-263.

[25] YOUNG R J, HUXLEY M T, PARDO E, et al. Isolating reactive metal-based species in metal-organic frameworks-viable strategies and opportunities [J]. Chemical Science, 2020, 11: 4031-4050.

[26] WRIGHT A M, WU Z, ZHANG G, et al. A structural mimic of carbonic anhydrase in a metal-organic framework [J]. Chem, 2018, 4: 2894-2901.

[27] JI P, SAWANO T, LIN Z, et al. Cerium-hydride secondary building units in a porous metal-organic framework for catalytic hydroboration and hydrophosphination

[J]. Journal of the American Chemical Society, 2016, 138: 14860-14863.

[28] JI P, SOLOMON J B, LIN Z, et al. Transformation of metal-organic framework secondary building units into hexanuclear Zr-alkyl catalysts for ethylene polymerization [J]. Journal of the American Chemical Society, 2017, 139: 11325-11328.

[29] SON F A, WASSON M C, ISLAMOGLU T, et al. Uncovering the role of metal-organic framework topology on the capture and reactivity of chemical warfare agents [J]. Chemistry of Materials, 2020, 32: 4609-4617.

[30] SHEARER G C, CHAVAN S, BORDIGA S, et al. Defect engineering: tuning the porosity and composition of the metal-organic framework UiO-66 via modulated synthesis [J]. Chemistry of Materials, 2016, 28: 3749-3761.

[31] FENG X, HAJEK J, JENA H S, et al. Engineering a highly defective stable UiO-66 with tunable Lewis-Brønsted acidity: The role of the hemilabile linker [J]. Journal of the American Chemical Society, 2020, 142: 3174-3183.

[32] LIU L, CHEN Z, WANG J, et al. Imaging defects and their evolution in a metal-organic framework at sub-unit-cell resolution [J]. Nature Chemistry, 2019, 11: 622-628.

[33] ZHANG X, WASSON M C, SHAYAN M, et al. A historical perspective on porphyrin-based metal-organic frameworks and their applications [J]. Coordination Chemistry Reviews, 2021, 429: 213615.

[34] CHEN Z, HANNA S L, REDFERN L R, et al. Reticular chemistry in the rational synthesis of functional zirconium cluster-based MOFs [J]. Coordination Chemistry Reviews, 2019, 386: 32-49.

[35] HU Z, WANG Y, ZHAO D. The chemistry and applications of hafnium and cerium (IV) metal-organic frameworks [J]. Chemical Society Reviews, 2021, 50: 4629-4683.

[36] YANG D, ORTUÑO M A, BERNALES V, et al. Structure and dynamics of Zr_6O_8 metal-organic framework node surfaces probed with ethanol dehydration as a catalytic test reaction [J]. Journal of the American Chemical Society, 2018, 140: 3751-3759.

[37] CHEN X, LYU Y, WANG Z, et al. Tuning $Zr_{12}O_{22}$ Node Defects as Catalytic Sites in the Metal-Organic Framework hcp UiO-66 [J]. ACS Catalysis, 2020,

10: 2906-2914.

[38] FANG Z B, LIU T T, LIU J, et al. Boosting interfacial charge-transfer kinetics for efficient overall CO_2 photoreduction via rational design of coordination spheres on metal-organic frameworks [J]. Journal of the American Chemical Society, 2020, 142: 12515-12523.

[39] HOWARTH A J, LIU Y, LI P, et al. Chemical, thermal and mechanical stabilities of metal-organic frameworks [J]. Nature Reviews Materials, 2016, 1: 15018.

[40] BROZEK C K, DINCĂ M. Cation exchange at the secondary building units of metal-organic frameworks [J]. Chemical Society Reviews, 2014, 43: 5456-5467.

[41] EVANS J D, SUMBY C J, DOONAN C J. Post-synthetic metalation of metal-organic frameworks [J]. Chemical Society Reviews, 2014, 43: 5933-5951.

[42] ZHANG Z, WOJTAS L, EDDAOUDI M, et al. Stepwise transformation of the molecular building blocks in a porphyrin-encapsulating metal-organic material [J]. Journal of the American Chemical Society, 2013, 135: 5982-5985.

[43] METZGER E D, BROZEK C K, COMITO R J, et al. Selective dimerization of ethylene to 1-butene with a porous catalyst [J]. ACS Central Science, 2016, 2: 148-153.

[44] COMITO R J, FRITZSCHING K J, SUNDELL B J, et al. Single-site heterogeneous catalysts for olefin polymerization enabled by cation exchange in a metal-organic framework [J]. Journal of the American Chemical Society, 2016, 138: 10232-10237.

[45] STUBBS A W, BRAGLIA L, BORFECCHIA E, et al. Selective catalytic olefin epoxidation with Mn^{II}-exchanged MOF-5 [J]. ACS Catalysis, 2018, 8: 596-601.

[46] COMITO R J, WU Z, ZHANG G, et al. Stabilized vanadium catalyst for olefin polymerization by site isolation in a metal-organic framework [J]. Angewandte Chemie International Edition, 2018, 57: 8135-8139.

[47] WANG X, LIU M, WANG Y, et al. Cu (I) coordination polymers as the green heterogeneous catalysts for direct C-H bonds activation of arylalkanes to ketones in water with spatial confinement effect [J]. Inorganic Chemistry, 2017, 56: 13329-13336.

[48] PARK H D, COMITO R J, WU Z, et al. Gas-phase ethylene polymerization

by single-site Cr centers in a metal-organic framework [J]. ACS Catalysis, 2020, 10: 3864-3870.

[49] DENNY JR M S, PARENT L R, PATTERSON J P, et al. Transmission electron microscopy reveals deposition of metal oxide coatings onto metal-organic frameworks [J]. Journal of the American Chemical Society, 2018, 140: 1348-1357.

[50] O'KEEFFE M, PESKOV M A, RAMSDEN S J, et al. The reticular chemistry structure resource (RCSR) database of, and symbols for, crystal nets [J]. Accounts of Chemical Research, 2008, 41: 1782-1789.

[51] CAPANO G, AMBROSIO F, KAMPOURI S, et al. On the electronic and optical properties of metal-organic frameworks: case study of MIL-125 and MIL-125-NH_2 [J]. The Journal of Physical Chemistry C, 2020, 124: 4065-4072.

[52] SYZGANTSEVA M A, IRELAND C P, EBRAHIM F M, et al. Metal substitution as the method of modifying electronic structure of metal-organic frameworks [J]. Journal of the American Chemical Society, 2019, 141: 6271-6278.

[53] HANNA L, LONG C L, ZHANG X, et al. Heterometal incorporation in NH_2-MIL-125(Ti) and its participation in the photoinduced charge-separated excited state [J]. Chemical Communications, 2020, 56: 11597-11600.

[54] STAVILA V, FOSTER M E, BROWN J W, et al. IRMOF-74(n)-Mg: a novel catalyst series for hydrogen activation and hydrogenolysis of C-O bonds [J]. Chemical Science, 2019, 10: 9880-9892.

[55] RIMOLDI M, HOWARTH A J, DESTEFANO M R, et al. Catalytic zirconium/hafnium-based metal-organic frameworks [J]. ACS Catalysis, 2017, 7: 997-1014.

[56] ZHANG Y, ZHANG X, LYU J, et al. A flexible metal-organic framework with 4-connected Zr_6 nodes [J]. Journal of the American Chemical Society, 2018, 140: 11179-11183.

[57] ZHAO Y, QI S, NIU Z, et al. Robust corrole-based metal-organic frameworks with rare 9-connected Zr/Hf-oxo clusters [J]. Journal of the American Chemical Society, 2019, 141: 14443-14450.

[58] AHN S, NAUERT S L, HICKS K E, et al. Demonstrating the critical role of solvation in supported Ti and Nb epoxidation catalysts via vapor-phase kinetics [J]. ACS Catalysis, 2020, 10: 2817-2825.

[59] WANG X, ZHANG X, LI P, et al. Vanadium catalyst on isostructural transition metal, lanthanide, and actinide based metal-organic frameworks for alcohol oxidation [J]. Journal of the American Chemical Society, 2019, 141: 8306-8314.

[60] GOETJEN T A, ZHANG X, LIU J, et al. Metal-organic framework supported single site chromium (Ⅲ) catalyst for ethylene oligomerization at low pressure and temperature [J]. ACS Sustainable Chemistry & Engineering, 2019, 7: 2553-2557.

[61] ZHANG X, VERMEULEN N A, HUANG Z, et al. Effect of redox "non-innocent" linker on the catalytic activity of copper-catecholate-decorated metal-organic frameworks [J]. ACS Applied Materials & Interfaces, 2018, 10: 635-641.

[62] NOH H, KUNG C W, OTAKE K, et al. Redox-mediator-assisted electrocatalytic hydrogen evolution from water by a molybdenum sulfide-functionalized metal-organic framework [J]. ACS Catalysis, 2018, 8: 9848-9858.

[63] LI Z, PETERS A W, PLATERO-PRATS A E, et al. Fine-tuning the activity of metal-organic framework-supported cobalt catalysts for the oxidative dehydrogenation of propane [J]. Journal of the American Chemical Society, 2017, 139: 15251-15258.

[64] YANG D, GATES B C. Catalysis by metal organic frameworks: perspective and suggestions for future research [J]. ACS Catalysis, 2019, 9: 1779-1798.

[65] LI Z, SCHWEITZER N M, LEAGUE A B, et al. Sintering-resistant single-site nickel catalyst supported by metal-organic framework [J]. Journal of the American Chemical Society, 2016, 138: 1977-1982.

[66] KIM I S, LI Z, ZHENG J, et al. Sinter-resistant platinum catalyst supported by metal-organic framework [J]. Angewandte Chemie International Edition, 2018, 57: 909-913.

[67] YANG Y, NOH H, MA Q, et al. Engineering dendrimer-templated, metal-organic framework-confined zero-valent, transition-metal catalysts [J]. ACS Applied Materials & Interfaces, 2021, 13: 36232-36239.

[68] HUANG C, LI G, ZHANG L, et al. Reversible structural transformations of metal-organic frameworks as artificial switchable catalysts for dynamic control

of selectively cyanation reaction [J]. Chemistry-A European Journal, 2019, 25: 10366-10374.

[69] ABDEL-MAGEED A M, RUNGTAWEEVORANIT B, PARLINSKA-WOJTAN M, et al. Highly active and stable single-atom Cu catalysts supported by a metal-organic framework [J]. Journal of the American Chemical Society, 2019, 141: 5201-5210.

[70] PLATERO-PRATS A E, LEAGUE A B, BERNALES V, et al. Bridging zirconia nodes within a metal-organic framework via catalytic Ni-hydroxo clusters to form heterobimetallic nanowires [J]. Journal of the American Chemical Society, 2017, 139: 10410-10418.

[71] LI J, HUANG H, LIU P, et al. Metal-organic framework encapsulated single-atom Pt catalysts for efficient photocatalytic hydrogen evolution [J]. Journal of Catalysis, 2019, 375: 351-360.

[72] SYED Z H, SHA F, ZHANG X, et al. Metal-organic framework nodes as a supporting platform for tailoring the activity of metal catalysts [J]. ACS. Catalysis, 2020, 10: 11556-11566.

[73] MORI W, TAKAMIZAWA S, SATO T, et al. Molecular-level design of efficient microporous materials containing metal carboxylates: inclusion complex formation with organic polymer, gas-occlusion properties, and catalytic activities for hydrogenation of olefins [J]. Microporous Mesoporous Materials, 2004, 73: 31-46.

[74] NGUYEN L T, NGUYEN T T, NGUYEN K D, et al. Metal-organic framework MOF-199 as an efficient heterogeneous catalyst for the aza-Michael reaction [J]. Applied. Catalysis. A-general, 2012, 425: 44-52.

[75] FALKOWSKI J M, WANG C, LIN W, et al. Actuation of asymmetric cyclopropanation catalysts: reversible single-crystal to single-crystal reduction of metal-organic frameworks [J]. Angewandte Chemie International Edition, 2011, 50: 8674-8678.

[76] MA L, FALKOWSKI J M, LIN W, et al. A series of isoreticular chiral metal-organic frameworks as a tunable platform for asymmetric catalysis [J]. Nature Chemisrty, 2010, 2: 838-846.

[77] HUANG C, ZHU K, ZHANG Y, et al. Directed structural transformations of

coordination polymers supported single－site Cu（Ⅱ）catalysts To control the site selectivity of C-H halogenation［J］. Inorganic Chemistry, 2019, 58: 12933-12942.

[78] HE X, LOOKER B G, DINH K T, et al. Cerium（Ⅳ）enhances the catalytic oxidation activity of single-site Cu active sites in MOFs［J］. ACS Catalysis, 2020, 10: 7820-7825.

[79] MA L, WANG XI, ZHANG J, et al. Five Porous zinc（Ⅱ）coordination polymers functionalized with amide groups: cooperative and size-selective catalysis［J］. Journal of Materials Chemistry A, 2015, 3: 20210-20217.

[80] DHAKSHINAMOORTHY A, GARCIA H. Catalysis by metal nanoparticles embedded on metal-organic frameworks［J］. Chemical. Society. Reviews, 2012, 41: 5262-5284.

[81] SONG J, LUO Z, HILL C L, et al. A multiunit catalyst with synergistic stability and reactivity: a polyoxometalate-metal organic framework for aerobic decontamination［J］. Journal of the American Chemical Society, 2011, 133: 16839-16846.

[82] FENG X, SONG Y, CHEN J S, et al. Rational construction of an artificial binuclear copper monooxygenase in a metal-organic framework［J］. Journal of the American Chemical Society, 2021, 143: 1107-1118.

[83] PI Y, FENG X, SONG Y, et al. Metal-organic frameworks integrate cu photosensitizers and secondary building unit-supported Fe catalysts for photocatalytic hydrogen evolution［J］. Journal of the American Chemical Society, 2020, 142: 10302-10307.

[84] JI P, SONG Y, DRAKE T, et al. Titanium（Ⅲ）-oxo clusters in a metal-organic framework support single-site Co（Ⅱ）-hydride catalysts for arene hydrogenation［J］. Journal of the American Chemical Society, 2018, 140: 433-440.

[85] ZHAO M, DENG K, HE L, et al. Core-shell palladium nanoparticle@ metal-organic frameworks as multifunctional catalysts for cascade reactions［J］. Journal of the American Chemical Society, 2014, 136: 1738-1741.

[86] MANNA K, JI P, GREENE F X, et al. Metal-organic framework nodes support single-site magnesium-alkyl catalysts for hydroboration and hydroamination reactions［J］. Journal of the American Chemical Society, 2016, 138: 7488-7491.

第2章
二维Cu¹—MOFs材料催化串联叠氮化/炔基化反应

2.1 引言

  由于材料、有机化学、生物结合和聚合物化学等各种学科的独特作用，具有高的化学和区域选择性、促进串联叠氮化/炔基化（click/alkynylation）反应的绿色和经济的催化剂引起了人们的广泛关注[1-3]。最近的研究表明，在贵金属（如Pd、Ru、Ir、Rh、Pd、Cu）催化剂下，串联叠氮化/炔基化环加成反应是一步生成完全取代的三唑框架的通用方法[4-6]。然而，这些催化剂通常都是在严格的催化条件下（例如强碱、复合试剂、高温、有毒溶剂）催化的，同时伴随着叠氮化（click）产物的生成，因为这些催化剂不能完全防止多组分竞争反应，从而产生二炔、溴代三唑或二取代叠氮化产物作为主要副产物[2,5-6]。为了抑制多分子催化剂失活途径，均相催化剂的固定和催化活性中心的分离已经被报道。这些策略为促进多组分串联叠氮化/炔基化环加成反应提供了一种重要的方法，不仅具有高效率、优异的区域选择性和相容性的特点，而且能产生完全取代的三唑框架。

  配位聚合物（CPs）是一种由功能化有机连接体和金属离子或金属簇构成的多功能结晶固体材料，在能源、催化、电子、气体储存/分离、光捕获器、传感器等方面有广泛的应用。特别是，由于活性催化中心的多样性和可调性，整个框架内具有均匀的微环境，CPs提供了一个高度可调和的平台来构建固体催化剂，用于模拟天然酶和固定化分子催化剂的功能，可以催化许多重要的有机转化反应[7-8]。虽然已经证实具有高度分散的隔离位点或相邻活性中心的CPs可作为单点或协同催化剂，但将多金属平台作为活性催化中心，精确组装在基于CPs的催化剂中，用于串联或级联催化而无须分离中间体反应，仍然具有更大的挑战[9-11]。金属簇不仅可以突破单核化合物的协调和几何障碍，显示功能化的结构，而且通常对每个原子具有高催化效果，因为基本上所有金属中心都易于获得以促进有机转化[12]。CPs中的金属簇可以反映多核反应途径并可以作为理想的反应平台，这归因于两个或更多个金属中心之间的优异的协同效应。这些协同效应可以激活惰性的底物，并促进具有挑战性的有机转化和酶催化剂体系[10,13]。多核一价铜（Ⅰ）卤化物簇在催化领域具有巨大的潜力，并且在反应过程中铜中心之间的相互作用已经被探索[14-16]。此外，这些多核一价铜（Ⅰ）卤化物簇可以模拟天然酶系统化合物特征以实现串联功能，并依靠多中心协同催化作用，执行串联或级联多组分选择性反应。

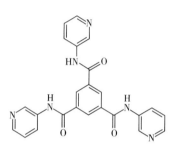

图2-1　配体TPB结构

因此，在本章中，用N,N,N-三（3-吡啶基）-1,3,5-苯三甲胺［N,N,N-tri（3-pyridinyl）-1,3,5-benzenetricarboxamine，TPB］为配体，其结构如图2-1所示。在相似的溶剂热条件下设计合成了两个一价铜配位聚合物［CuBr（TPB）］$_n$（**1**）和［Cu_3I_3（TPB）$_2$］$_n$（**2**）。由于阴离子的不同，**1**和**2**的结构明显不同。研究了配合物**1**和**2**催化末端炔烃，苄基叠氮化物和溴炔烃的串联叠氮化/炔基化反应。试验结果表明，配位聚合物**2**催化该反应能高选择性地得到叠氮化/炔基化产物，而配位聚合物**1**催化该反应主要得到叠氮化产物。并且配位聚合物**2**的活性和区域选择性远高于**1**。本章中还探索了晶体立体结构对催化性能的影响，同时提出了可能的一价铜配位聚合物催化串联叠氮化/炔基化反应的机理。

2.2　试验内容

2.2.1　配合物［CuBr（TPB）］$_n$（**1**）的合成与表征

CuBr（0.014g，0.1mmol）、TPB（0.017g，0.03mmol）和乙腈（MeCN，7mL）加入25mL的聚四氟乙烯内衬的不锈钢反应釜中密封，加热到120℃并保持三天。随后自然冷却到室温，过滤得到浅黄色晶**1**，基于Cu含量计算产率是

54%。元素分析理论按 $C_{24}H_{18}CuBrN_6O_3$ 计算：C，49.54%；H，3.12%；N，14.44%。实际值：C，49.52%；H，3.09%；N，14.46%。红外光谱（KBr）：$\tilde{v}$ = 3342（m），3248（w），2259（vw），1673（vs），1532（vs），1423（s），1288（v），934（w），811（w），764（m），722（w）。

2.2.2 配合物[$Cu_3I_3(TPB)_2$]$_n$（2）的合成与表征

CuI（0.019g，0.1mmol）、TPB（0.017g，0.03mmol）和乙腈（MeCN，7mL）加入25mL的聚四氟乙烯内衬的不锈钢反应釜中密封，加热到120℃并保持三天。随后自然冷却到室温，过滤得到浅黄色晶2，基于Cu含量计算产率是48%。元素分析理论按 $C_{48}H_{36}Cu_3I_3N_{12}O_6$ 计算：C，39.81%；H，2.51%；N，11.61%。实际值：C，39.83%；H，2.48%；N，11.63%。红外光谱（KBr）：$\tilde{v}$ = 3331（w），3246（m），2168（vw），1678（s），1647（vs），1413（s），1291（m），916（w），864（vw），766（m），721（w）。

2.2.3 配合物1和2作为催化剂催化串联叠氮化/炔基化反应及表征

苄基叠氮（**S1**，1.0mmol）、炔烃（**S2a~e**，1.3mmol）、碳酸钾（2.0mmol）、溴炔（**S3**，2.0mmol）和催化剂**1**或**2**（10mol%，基于铜的含量计算得出）混合加入5mL 1,2-二氯乙烷（DCE）中，混合溶液室温搅拌10h后过滤，然后有机相减压旋蒸浓缩。利用硅胶柱层析法分离提纯产品，获得相应产物**S4a~e**或**S5a~e**。

2.3 试验结果与讨论

2.3.1 二维 Cu^I—MOFs 的结构分析及表征

（1）配合物[CuBr（TPB）]$_n$（**1**）的晶体结构。单晶X射线衍射分析表明，配合物**1**是单斜晶系，空间群是 $C2/c$。配合物**1**的不对称结构单元有一个TPB配体，一个 Cu^I，一个 Br^-（图2-2）。**1**中铜是三配位的T形几何结构，分别与来自两个不同有机配体中吡啶上的氮N1、N3和Br1形成 CuN_2Br 三角形的配位模式。Cu^I 由三脚架TPB配体相互连接成人字形一维的链状结构（图2-3），此外，相邻的一维链与链之间通过羧基氧原子 O1 与另外一条链上的 N5 通过分子间作用力氢键形成二维超分子结构（图 2-4）。

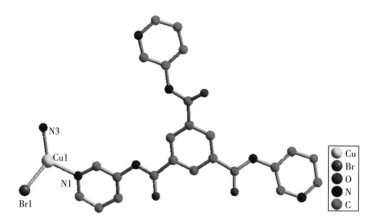

图 2-2　配合物 **1** 的配位环境图

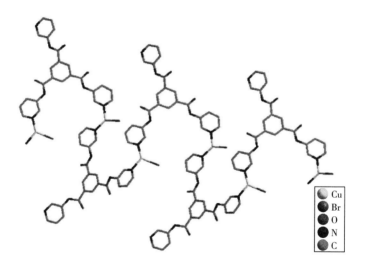

图 2-3　配合物 **1** 的一维结构

（2）配合物 $[Cu_3I_3(TPB)_2]_n$（**2**）的晶体结构。单晶 X 射线衍射分析表明，配合物 **2** 是单斜晶系，$P2/c$ 空间群。**2** 中中性的 Cu_3I_3 簇（图 2-5）由共价 Cu—N 键配位，其中 N 分别来自三个 TPB 配体。**2** 的不对称单元含有一个 TPB 配体，两个 Cu^I 离子，两个 I^- 离子（图 2-6）。Cu1 离子呈略微扭曲的四面体配位几何形状，与来自两个 TPB 配体中的氮原子 N3 和 N3A、两个碘原子

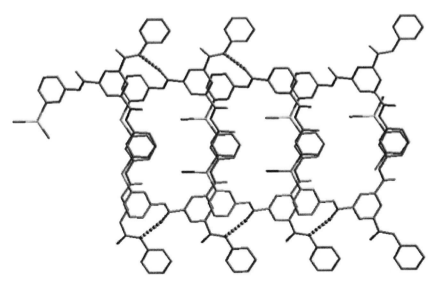

图 2-4 配合物 **1** 中由于氢键作用形成的二维超分子结构

I1 和 I1A 配位形成 Cu1N2I2 四面体的配位模式;Cu2 离子呈典型的 T 形配位几何形状,与来自一个 TPB 配体中的氮原子 N3 和 N3A、两个碘原子 I1 和 I2 配位形成 Cu2NI2 三边形的配位模式。有趣的是,Cu1 至 Cu2 原子通过 I1 原子的主链连接在一起,以构建—Cu1—I1—Cu2—I2—Cu2A—I1A—Cu1—簇(Cu_3I_3,图 2-7),每个 Cu_3I_3 簇与配体 TPB 连接,形成双链框架(图 2-8)。在 Cu_3I_3 团簇中,相邻的 Cu⋯Cu 分离,分别为 2.527Å 和 3.22Å。

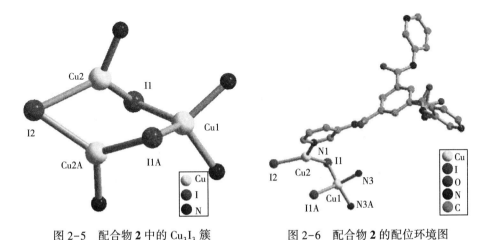

图 2-5 配合物 **2** 中的 Cu_3I_3 簇　　　图 2-6 配合物 **2** 的配位环境图

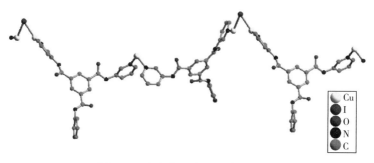

图 2-7　配合物 **2** 中一维单链结构

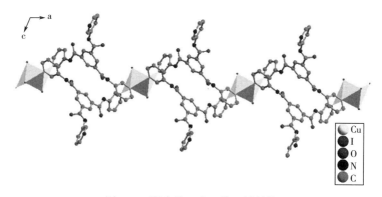

图 2-8　配合物 **2** 中一维双链结构

配合物 1-2 的 X 射线衍射分析（XRD）测试结果表明，收集的晶体的 XRD 的峰与理论模拟的峰吻合，说明收集的晶体与理论的晶体结构相符合。

2.3.2　二维 Cu^I—MOFs 催化串联叠氮化/炔基化反应

首先通过将样品悬浮在沸腾的二氯乙烷（DCE）中 48h 来检测在 DCE 中 **1** 和 **2** 的耐溶剂性能，因为该研究选择 DCE 作为串联叠氮化/炔基化反应系统的反应溶剂。单晶 X 射线分析显示，处理后样品 **1** 和 **2** 的晶胞参数基本保持不变。此外，合成的 **1** 和 **2** 的粉末衍射（PXRD）图谱与模拟的图形能够很好地匹配，说明 **1** 和 **2** 的大结晶样品是纯的。以上这些结果表明，**1** 和 **2** 的晶体样品可保持原始形状，并在 48h 后在沸腾的 DCE 中保持稳定，并且可以作为催化剂使用。为了探究配合物 **1** 和 **2** 在串联叠氮化/炔基化反应中潜在的催化性能，以苄基叠氮化物（**S1**）、苯乙炔（**S2a**）和溴炔（**S3**）作为模板反应以优化反应条件（表 2-1）。

第2章 二维 Cu(I)—MOFs 材料催化串联叠氮化/炔基化反应

表 2-1 催化串联叠氮化/炔基化反应的条件优化[a]

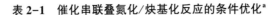

苄基叠氮化物 (S1)　苯乙炔 (S2a)　溴炔 (S3)　叠氮化/炔基化产物 (S4a)　叠氮化产物 (S5a)

条目	催化剂	溶剂	碱基	温度/℃	产率[b]/% S4a	S5a
1	**1**	二氯乙烷（DCE）	K_2CO_3	25	n.o.[c]	67
2	**2**	DCE	K_2CO_3	25	91	n.o.
3	**2**	DCE	Na_2CO_3	25	62	n.o.
4	**2**	DCE	K_3PO_4	25	58	n.o.
5	**2**	DCE	NaOMe	25	<10	n.o.
6	**2**	DCE	NaO^{t}Bu	25	<10	n.o.
7	**2**	DCE	KO^{t}Bu	25	<10	n.o.
8	**2**	DCE	LiO^{t}Bu	25	90	n.o.
9	**2**	CH_3CN	K_2CO_3	25	57	n.o.
10	**2**	四氢呋喃（THF）	K_2CO_3	25	61	n.o.
11	**2**	二氯甲烷（DCM）	K_2CO_3	25	<10	n.o.
12	**2**	甲苯（toluene）	K_2CO_3	25	<10	n.o.
13	**2**	戊烷（pentane）	K_2CO_3	25	<10	n.o.
14	**2**	异丙醇（^{i}PrOH）	K_2CO_3	25	<10	n.o.
15	**2**	DCE	K_2CO_3	60	89	n.o.
16	**2**	DCE	K_2CO_3	90	91	n.o.
17	CuI	DCE	K_2CO_3	25	15	28

a 反应条件：底物 **S1** 为 1.0mmol，**S2a** 为 1.3mmol，**S3** 为 2.0mmol；催化剂为 0.10mmol，K_2CO_3 为 2.0mmol，DCE 为 10mL，室温（RT），10h。

b 10h 后的分离产率。

c n.o. 表示没有获得。

该研究比较了它们在不同反应条件下的活性。表 2-1 表示配合物 **2** 催化得到叠氮化/炔基化产物（**S4a**），产率 91%。在相同的反应条件下，配合物 **1** 催化该反应只得到叠氮化产物（**S5a**），并且没有叠氮化/炔基化产物生成。这些数据表明，配合物 **1** 和 **2** 是串联叠氮化/炔基化反应新型的催化剂，而配合物 **2** 是高选择性可以得到叠氮化/炔基化产物的催化剂。

作为对比，尝试用其他无机碱（Na_2CO_3 或 K_3PO_4）或更强的碱［叔丁醇钾（KO^tBu）、叔丁醇钠（NaO^tBu）或甲醇钠（NaOMe）］取代碳酸钾（K_2CO_3），试验表明，底物转化不完全，得到串联叠氮化/炔基化产物低至中等产率 10%～62%（表 2-1，3~7 行）。LiO^tBu 在产生完全取代的产物以及 N—H/C—H 键芳基化的反应中起重要作用。选用碱性更强的 LiO^tBu 有串联产物出现，并且产率高达 90%（表 2-1，8 行）。试验在溶剂分别为乙腈（CH_3CN）和四氢呋喃（THF）中，在配合物 **2** 催化下产率分别是 57% 和 61%（表 2-1，9 行和 10 行）。当分别选择二氯甲烷（DCM）、甲苯（toluene）、戊烷（pentane）和异丙醇（^iPrOH）作反应溶剂时，在配合物 **2** 催化下，产率太低（表 2-1，11~14 行）。

同时研究了配合物 **2** 在不同温度（25℃、60℃ 和 90℃）下的催化性能。对比在 25℃ 下，串联叠氮化/炔基化产物产率没有得到明显的提升。

综合以上考虑，在串联叠氮化/炔基化催化反应中使用温和的无机碱（K_2CO_3）不仅符合现代绿色化学的趋势，而且增加了官能团的耐受性，从而扩展了可能的底物。因此，考虑到成本、环境、效率和简单性，确认 **2**/K_2CO_3/DCE/室温（RT）为串联叠氮化/炔基化反应的最佳条件。确定了三组分串联叠氮化/炔基化反应的最佳条件，即溶剂为 10mL DCE，碱为 **2** 当量的 K_2CO_3，温度为室温，催化剂的量为 10%（摩尔分数），反应时间 10h。

以各种末端炔烃底物（**S2a~e**）与苄基叠氮化物（**S1**）和溴炔（**S3**）来测试它们在串联制备多杂环衍生物中的普适性（表 2-2）。在所有的情况下，非均相催化剂 **2** 可以促进三组分串联叠氮化/炔基化反应的发生，并且很高兴地观察到，不管在苯环的对位上是给电子还是吸电子的基团，都可以很好地生成叠氮化/炔基化产物 **S4a~d**，均有较高的区域选择性，产率为 88%～91%。

为了进一步检查底物尺寸大小对该反应的影响，选择大体积的 4-联苯基乙炔（**S2e**），在相同的反应条件下与 **S1** 和 **S3** 反应，得到 **S4e** 为单一产物，产率为 78%（表 2-2，14 行）。**S4e** 的产率低于 **S4a~d** 的产率，这表明增加底物的尺寸导致反应速率降低，但对其催化选择性没有影响。此外，与非均相催化剂 **2** 相比，非均相催化剂 **1** 仅能促进与末端炔烃（**S2a~e**）和苄基叠氮化物的叠氮化反应，以产生叠氮化产物（1,2,3-三唑框架）。相比之下，均相催化剂［Cu（CH$_3$CN）］PF$_6$ 或 CuI，通常用作叠氮化/炔基化反应的催化剂，在相同的反应条件下，产生了一部分串联产物（<15%或<19%），以及更多的叠氮化产物（表 2-2 或表 2-3）。

表 2-2 催化串联叠氮化/炔基化反应合成完全取代的三唑产物[a]

条目	催化剂	炔烃	产物	产率 S4a~e[b]
1	**1**			n. o.[c]
2	**2**	4.95Å / 2.86Å	S4a	91
3	CuI			15
4	**1**			n. o.
5	**2**	4.95Å / 2.86Å	S4b	91
6	CuI			15

续表

条目	催化剂	炔烃	产物	产率 S4a~e[b]
7	1	4.95Å / 2.86Å	S4c	n.o.
8	2			90
9	CuI			13
10	1	5.77Å / 2.86Å	S4d	n.o.
11	2			88
12	CuI			11
13	1	7.43Å / 2.86Å	S4e	n.o.
14	2			78
15	CuI			10

a 反应条件：**S1** 为 1.0mmol，**S2a~e** 为 1.3mmol，**S3** 为 2.0mmol，催化剂为 0.10mmol，K_2CO_3 为 2.0mmol，DCE 为 10mL，室温（RT），10h。

b 10h 后的分离产率。

c n.o. 表示没有获得。

表 2-3 CuI、CuI/TPB、TPB 和 [Cu(CH$_3$CN)]PF$_6$ 作为催化剂催化串联叠氮化/炔基化反应合成完全取代的三唑产物[a]

条目	催化剂	炔烃	产物	产率 6a~e[b]
1	CuI	4.95Å / 2.86Å	S4a	15
2	CuI/TPB			29
3	TPB			n.o.[c]
4	[Cu(CH$_3$CN)]PF$_6$			19
5	CuI	4.95Å / 2.86Å	S4b	15
6	CuI/TPB			26
7	TPB			n.o.
8	[Cu(CH$_3$CN)]PF$_6$			19
9	CuI	4.95Å / 2.86Å	S4c	13
10	CuI/TPB			25
11	TPB			n.o.
12	[Cu(CH$_3$CN)]PF$_6$			17

续表

条目	催化剂	炔烃	产物	产率 6a~e[b]
13	CuI	5.77Å / 2.86Å	S4d	11
14	CuI/TPB			19
15	TPB			n.o.
16	[Cu(CH$_3$CN)]PF$_6$			16
17	CuI	7.43Å / 2.86Å	S4e	10
18	CuI/TPB			17
19	TPB			n.o.
20	[Cu(CH$_3$CN)]PF$_6$			13

a 反应条件：S1 为 1.0mmol，S2a~e 为 1.3mmol，S3 为 2.0mmol，催化剂为 0.10mmol，K$_2$CO$_3$ 为 2.0mmol，DCE 为 10mL，室温（RT），10h。

b 10h 后的分离产率。

c n.o. 表示没有获得。

2 的高且独特的区域选择性可归因于具有 Cu$_3$I$_3$ 簇的特定结构。单晶 X 射线分析表明，2 的结构包括 Cu$_3$I$_3$ 簇，其通过 I$^-$ 离子（I1 和 I2）桥接形成闭环—Cu1—I1—Cu2—I2—Cu2A—I1A—Cu1—（Cu$_3$I$_3$）簇。Cu$_3$I$_3$ 簇可以构建多核平台，以提高催化过程中串联叠氮化/炔基化反应的速率和选择性。此外，2 中 Cu$_3$I$_3$ 簇的催化活性中心整齐地位于结构中，并且与邻近的 Cu$_3$I$_3$ 簇之间均匀分离，这些催化活性中心由双核 Cu$_2$I$_2$ 簇催化剂组成，其中底物可以通过 Cu—I 簇彼此结合。这些 Cu$_3$I$_3$ 簇具有显著的底物—催化剂相互作用，可用于调节有效选择性并协同促进反应过程，同时产生三组分串联叠氮化/炔基化催化产物。

该研究进一步推测由配合物 2 作为催化剂催化串联叠氮化/炔基化反应的反应机理。CuI—乙炔化物与叠氮化物基团的环加成可以首先被 2 中的 Cu$_2$I$_2$

（Cu1—I1—Cu2—I2）簇活化从而产生中间体Ⅰ。然后，通过经历质子化产生铜酸盐—三唑中间体Ⅱ，得到叠氮化产物。在此过程中，Cu1—I1 键裂解构建过渡态（Cu1…I1）。但由于存在另一个活性中心（Cu2），Cu_2I_2 簇（I1—Cu2—I2—Cu2）保留。最后，Cu_2I_2 簇（I1—Cu2—I2—Cu2）可以作为反应平台，通过与溴炔加成反应生成中间体Ⅲ，随之经历消除反应以产生串联叠氮化/炔基化产物Ⅳ，释放 HBr 分子（图 2-9）。Cu_3I_3 簇可以在催化反应过程中循环利用。

为了进一步阐明这一反应机理，该研究采用 CuI/TPB 或 TPB 配体作为均相催化剂进行了一系列对照试验，以验证在相同反应条件下的串联叠氮化/炔基化反应（表 2-3）。CuI/TPB 催化底物 4a～e 产生的串联叠氮化/炔基化产物，产率为 17%～29%（6a～e），而均相催化剂 TPB 配体不产生叠氮化或环加成产物。试验结果表明，产率（17%～29%）远低于用非均相催化剂 **2** 获得的产率（78%～91%）。因为催化剂 CuI/TPB 可以是相当原始的配位络合物，由仅与有机成分键合的单一金属活性位点组成。

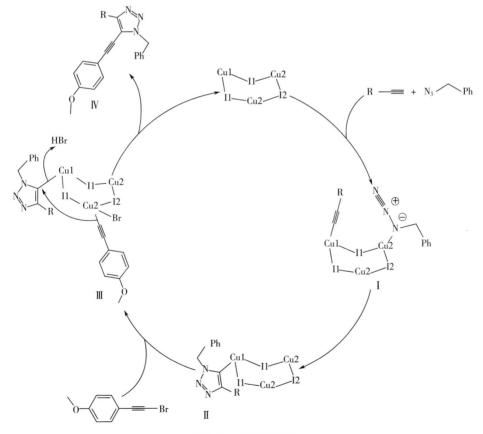

图 2-9　推测机理图

为了进一步揭示在串联叠氮化/炔基化反应中不同的反应时间（0、5h和10h）Cu_3I_3簇的相互作用，利用 X 射线光电子能谱（XPS）来检测催化剂的变化。配合物 **2** 中铜离子的 XPS 分别表明，$Cu2p^{3/2}$ 的峰在 932.69eV、932.79eV 和 932.66eV，表明在反应过程中仅存在 Cu^I 离子，并且反应体系中碘的化合价为负一价（I^-），这与碘 $3d^5$ XPS 峰相关，分别为 619.63eV、619.71eV 和 619.66eV[15-16]。这些结果显示，当反应时间分别为 0、5h 和 10h，Cu^I 阳离子和 I^- 离子峰有位移。在反应进程中，Cu_3I_3 簇形成瞬态（Cu⋯I）和中性 Cu_2I_2 簇，仍保持双核簇以促进串联叠氮化/炔基化反应。

相比之下，单晶 X 射线结构研究表明，**1** 只是具有人字形的一维链状结构，并且在框架中不存在结构簇单元。这导致 **1** 可以作为单位点催化剂来催化叠氮化反应。**2** 作为末端炔烃底物（**S2a~e**）、苄基叠氮化物（**S1**）和溴炔（**S3**）的串联叠氮化/炔基化反应的高效非均相催化剂，不仅是由于它独特的结构特征（如结晶度、活性位点均匀性、高的催化剂稳定性和空间位阻选择性），而且由于 Cu_3I_3 簇的多核平台以加速串联反应，存在协同效应，使串联叠氮化/炔基化产物成为唯一的产品。

为了证明配合物 **2** 是非均相催化剂，对反应后滤液进行原子吸收光谱（AAS）研究，表明 **2** 在反应后，反应液中仅存在微量的浸出铜（<1mg/kg）。该研究还进行了过滤试验。在没有搅拌 1h 的情况下，配合物 **2** 催化该反应，当反应物 **S1** 转化 27% 后，利用离心机从混合物溶液中转移出催化剂 **2**。随后，上清液继续反应另外 9h。发现反应物的 **S1** 转化率几乎保持不变。这些对照试验结果明确地表明 **2** 是非均相催化剂。

为了证明串联叠氮化/炔基化反应的活化发生在催化剂的表面而不是孔洞中，大晶体 **2**（~0.24mm×0.22mm×0.19mm）催化反应物 **S1**、**S2e**（大体积）和 **S3** 的串联叠氮化/炔基化反应，反应过程中无须搅拌或研磨，反应 10h 后，产率为 72%，略低于通过搅拌或研磨获得的 78% 产率。此外，PLATON 分析表明，**2** 中没有自由空隙体积，这进一步表明 **2** 是一种完全无孔的材料。结合以上两个试验，可以证明串联叠氮化/炔基化反应发生在晶体表面上且具有协同效应，而不是晶体的孔洞中。

为了检验配合物 **2** 的稳定性，研究了非均相催化剂 **2** 催化 **S1**、**S2a** 和 **S3** 的再循环性（图 2-10）。在循环试验中，通过简单离心可以毫不费力地从串联叠氮化/炔基化反应中回收 **2**，并且在接下来至少五轮的循环试验中，催化产率只有少量的损失。五次循环后 **2** 催化剂的 PXRD 图谱与模拟的图谱几乎完全匹配。这表明配合物 2 框架可以在至少五次循环后保持完整。

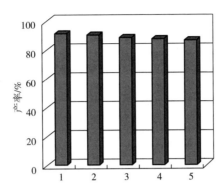

图 2-10　配合物 **2** 五轮催化循环试验的产率变化情况

2.4　本章小结

该研究设计合成了两个一价铜的金属有机配合物：[CuBr(TPB)]$_n$（**1**），[Cu$_3$I$_3$(TPB)$_2$]$_n$（**2**）。由于阴离子的不同，在其他条件相同的情况下，得到了两种结构不同的配合物，催化串联叠氮化/炔基化反应。试验结果表明，配位聚合物 **2** 是高效的非均相催化剂，得到产率高达 91% 的叠氮化/炔基化产物，并且可以循环再利用。而配位聚合物 **1** 只能催化得到叠氮化产物。更加重要的是，该研究进一步阐明了配位聚合物 **2** 中 Cu$_3$I$_3$ 簇的相互作用在调节催化剂的选择性和活性方面的影响，并且揭示了在叠氮化/炔基化产物形成中的串联催化作用。

参考文献

[1] OTAKE K, CUI Y, BURU C T, et al. Single-atom-based vanadium oxide catalysts supported on metal-organic frameworks: Selective alcohol oxidation and structure-activity relationship [J]. Journal of the American Chemical Society, 2018, 140: 8652-8656.

[2] LANGESLAY R R, KAPHAN D M, MARSHALL C L, et al. Catalytic applica-

tions of vanadium: a mechanistic perspective [J]. Chemical Reviews, 2018, 119: 2128-2191.

[3] BERNALES V, ORTUÑO M A, TRUHLAR D G, et al. Computational design of functionalized metal-organic framework nodes for catalysis [J]. ACS Central Science, 2018, 4: 5-19.

[4] VOGIATZIS K D, HALDOUPIS E, XIAO D J, et al. Accelerated computational analysis of metal-organic frameworks for oxidation catalysis [J]. The Journal of Physical Chemistry C, 2016, 120: 18707-18712.

[5] MCCARVER G A, RAJESHKUMAR T, VOGIATZIS K D. Computational catalysis for metal-organic frameworks: An overview [J]. Coordination Chemistry Reviews, 2021, 436: 213777.

[6] WU X P, CHOUDHURI I, TRUHLAR D G. Computational studies of photocatalysis with metal-organic frameworks [J]. Energy & Environmental Materials, 2019, 2: 251-263.

[7] THOMPSON A B, PAHLS D R, BERNALES V, et al. Installing heterobimetallic cobalt-aluminum single sites on a metal organic framework support [J]. Chemistry of Materials, 2016, 28: 6753-6762.

[8] BAEK J, RUNGTAWEEVORANIT B, PEI X, et al. Bioinspired metal-organic framework catalysts for selective methane oxidation to methanol [J]. Journal of the American Chemical Society, 2018, 140: 18208-18216.

[9] SONG Y, LI Z, JI P, et al. Metal-organic framework nodes support single-site nickel (II) hydride catalysts for the hydrogenolysis of aryl ethers [J]. ACS Catalysis, 2019, 9: 1578-1583.

[10] FENG X, JI P, LI Z, et al. Aluminum hydroxide secondary building units in a metal-organic framework support Earth-abundant metal catalysts for broad-scope organic transformations [J]. ACS Catalysis, 2019, 9: 3327-3337.

[11] SAMANTARAY M K, D'ELIA V, PUMP E, et al. The comparison between single atom catalysis and surface organometallic catalysis [J]. Chemical Reviews, 2019, 120: 734-813.

[12] THIAM Z, ABOU-HAMAD E, DERELI B, et al. Extension of surface organometallic chemistry to metal-organic frameworks: development of a well-defined single site [(≡Zr—O—) W (=O) (CH$_2^t$Bu)$_3$] olefin metathesis

[13] VAN VELTHOVEN N, HENRION M, DALLENES J, et al. S, O-functionalized metal-organic frameworks as heterogeneous single-site catalysts for the oxidative alkenylation of arenes via C-H activation [J]. ACS Catalysis, 2020, 10: 5077-5085.

[14] YANG D, ODOH S O, WANG T C, et al. Metal-organic framework nodes as nearly ideal supports for molecular catalysts: NU-1000-and UiO-66-supported iridium complexes [J]. Journal of the American Chemical Society, 2015, 137: 7391-7396.

[15] BERNALES V, YANG D, YU J, et al. Molecular rhodium complexes supported on the metal-oxide-like nodes of metal organic frameworks and on Zeolite HY: Catalysts for ethylene hydrogenation and dimerization [J]. ACS Applied Materials & Interfaces, 2017, 9: 33511-33520.

[16] GUO X, HUANG C, YANG H, et al. Cu(Ⅰ) coordination polymers (CPs) as tandem catalysts for three-component sequential click/alkynylation cycloaddition reaction with regiocontrol [J]. Dalton Transactions, 2018, 47: 16895-16901.

(Note: The reference [12] appears to continue at top: catalyst [J]. Journal of the American Chemical Society, 2020, 142: 16690-16703.)

第3章
三维多孔Cu^I—MOFs材料催化C—H键羰基反应

3.1 引言

  金属有机框架（MOFs）是一类多孔晶态材料。由于其具有丰富的结构类型、可调节的孔洞和独特的功能，在催化、气体储存与分离、发光、化学传感和药物传递等诸多领域引起了广泛的研究兴趣[1-3]。近年来，科学工作者对于MOFs的研究领域集中在其作为非均相分子催化剂和催化剂载体领域。特别是因为MOFs具有结构可调的分子催化平台，可用于构建分子催化剂催化大量的有机转化过程。因此，MOFs作为调节大小、形状、化学和对映体选择性单位点催化剂具有很大的前景[4-7]。与均相催化剂相比，MOFs材料作为固态催化剂易于从反应体系中分离和回收，对于化学转化具有环境友好和可持续使用的优点。此外，与传统的沸石、SiO_2、活性炭等非均相催化剂相比，MOFs具有均匀的孔径/内环境和无与伦比的比表面积。更重要的是，MOFs具有均匀分布的催化活性中心和相同的微环境，这可以获得优于其他催化体系的选择性和反应活性[8-11]。最近，我们课题组报道了一些Cu（Ⅰ）配位聚合物。由于其独特的空间限制效应，可以作为绿色非均相催化剂，用于芳基烷烃的C—H键定向活化合成酮，并具有较高的区域选择性[12]。

  另外，苯基亚甲基的氧化通常是为了获得环酮、酯和酰胺等产品，这些产品已被广泛用于染料和其他精细化学品的合成。在传统的方法中，利用强氧化剂（如$KMnO_4$）氧化苯基亚甲基通常需要大量的氧化剂，而均相的变价过渡金属（如Cu、Fe、V、Ru）发生中心金属价态不可逆转化，造成大量的浪费[13-16]。为了消除这些缺陷，具有催化活性的MOFs材料可以作为单位点非均相催化剂，实现芳基环烷烃的氧化，并且对目标产物的高选择性。

在这个工作中，利用1,2,4,5-四氮唑基苯基苯（H₄TTPB）配体，通过改变模板剂设计合成了两个一价铜MOFs，{(NEt₄)₀.₅[Cu₃(TTPB)₀.₇₅(CN)₀.₅(H₂O)]·H₂O}ₙ（**3**）和{[Cu₂(TTPB)₀.₅]·DMF·2H₂O}ₙ（**4**）。稳定性试验表明，**3**和**4**在一系列的有机溶剂、酸性和碱性溶液中都能保持框架稳定。还证明了**3**和**4**可以作为在水介质中氧化芳基环烷烃形成C═O键的非均相催化剂（图3-1）。

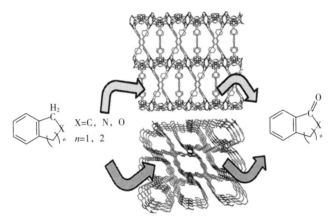

图3-1 Cu^I—MOFs催化芳基环烷烃示意图

3.2 试验内容

3.2.1 配体1,2,4,5-四氮唑基苯基苯（H₄TTPB）的合成

1.56g的叠氮化钠、0.39g的1,2,4,5-四氰基苯基苯和4.8g的三乙胺盐酸盐的混合物溶解在10mL的甲苯/甲醇（2∶1）中。混合溶液在100℃持续搅拌3天。冷却至室温，15mL（1mol/L）氢氧化钠水溶液加入混合物中。混合物室温下搅拌30min至溶液完全透明，利用15mL（1mol/L）盐酸溶液将溶液调节pH到1，白色沉淀逐渐析出。混合物过滤，然后用乙醇和水洗涤滤饼。真空干燥滤饼，称重0.5g（产率95%）。H₄TTPB的结构式如图3-2所示。

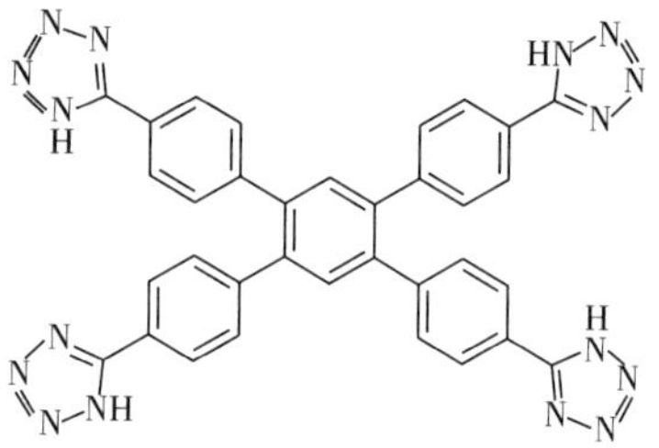

图 3-2 配体 1,2,4,5-四氮唑基苯基苯（H_4TTPB）的结构式

3.2.2 $\{(NEt_4)_{0.5}[Cu_3(TTPB)_{0.75}(CN)_{0.5}(H_2O)] \cdot H_2O\}_n$（3）的合成与表征

0.018g CuCN 和 0.027 H_4TTPB 的混合物溶解在 8mL 的二甲基甲酰氨（DMF）/乙醇/氨水/三乙胺（TEA）（1:1:1:1）的混合溶剂中。然后，混合物溶液转移至 25mL 内衬是聚四氟乙烯的不锈钢反应釜中。反应釜放置在 165℃ 的烘箱中 3 天，然后以 5℃/h 速率降至室温。得到产率是 53% 的无色透明晶体 3（产率是根据 CuCN 的量计算得到的）。

3.2.3 $\{[Cu_2(TTPB)_{0.5}] \cdot DMF \cdot 2H_2O\}_n$（4）的合成

除了 N,N-二异丙基乙胺（DIPEA）取代 3 中的三乙胺（TEA），4 和 3 的合成方法类似。无色晶体 4 的收率只有 43%。

3.2.4 Cu^I—MOFs 催化芳基环烷烃的 C—H 键的活化反应

将 1mmol 芳基环烷烃（S6a~f）、1.5mmol 叔丁基过氧化氢（TBHP，S7）和 0.05mmol 催化剂的混合物溶解于 2mL 水中，混合溶液在空气中室温超声 4h 或者 6h。反应结束后，催化剂通过离心回收，溶液用乙酸乙酯和水萃取。有机相结合，无水硫酸钠干燥，并在真空条件下蒸发浓缩。粗产物经硅胶柱层析纯化，以石油醚/乙酸乙酯（体积比 5:1）为洗脱剂得到产物（S8a~f）。

3.3 试验结果与讨论

3.3.1 三维多孔 Cu^I—MOFs 的结构分析及表征

单晶 X 射线衍射数据说明，配合物 3 属于正交晶系 Cmca 空间群。配合物 3

是一个空腔内含有四乙胺正离子的阴离子框架。不对称单元里含有 3 个晶体学上独立的铜离子，3/4 的 TTPB^{4-} 配体，半个氰根负离子和半个四乙胺阳离子。三个不同配体上的氮原子配位在 Cu1 上，形成三角形的几何结构单元。Cu2 的周围有三个不同配体的氮原子和一个氰根的 N（C）原子，呈现出扭曲的正四面体。Cu3 具有扭曲的三角形几何结构，由两个来自不同 TTPB^{4-} 配体的氮原子和一个来自水分子的氧原子配位而成。

Cu^I—MOFs 3 的一个显著特点是框架是由八面体笼组成［图 3-3（a）］，配体的中心苯环和金属节点占据了八面体的顶点。八面体笼含有两个扭曲的四边形窗口，其尺寸大小分别为 7Å×17Å 和 10Å×17Å。每个金属节点［Cu$_6$(CN)(H$_2$O)$_2$］含有 6 个铜原子，每个节点同时和 7 个配体相连。同一条链上的相邻两个金属节点方向的排列顺序是 ABAB。多个铜链和四齿有机配体无线延伸构成了吸引人的三维框架结构。白色样品 3 的 X 光电子能谱（XPS）进一步探究了框架里中心金属的价态。MOFs 的 Cu 2p$^{3/2}$ 轨道的结合能（BE）是 929eV，这说明了 3 中的中心铜的价态都是一价的[17-18]。总之，3 的框架是阴离子的，并且孔道内充满了四乙胺正离子。从电荷平衡方面考虑，每个配位单元都有半个四乙胺正离子。四乙胺正离子是三乙胺和乙醇通过溶剂热在碱性条件下合成的[19]。

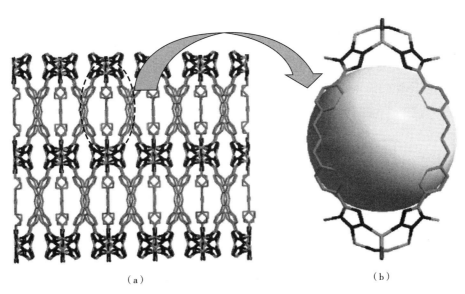

图 3-3　Cu^I—MOFs 3 沿 a 轴方向的三维笼状框架和八面体笼的具体结构

(为了清晰起见，省略了溶剂分子和所有氢原子)

根据单晶 X 射线衍射数据分析，晶体 4 属于三斜晶系，P-1 空间群，并且含有两种类型的一维通道（图 3-4）。不对称单元里含有两个晶体学上独立的一价铜离子和半个 TTPB^{4-} 配体。Cu1 和 Cu2 都是三个四氮唑上的氮原子配位模式，呈现出三角形的空间构型。Cu—N 的键长在 1.96~2.10Å，这个键长范围和其他一价铜配合物的键长相当。

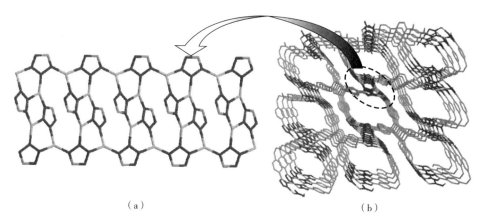

图 3-4　Cu^{Ⅰ}—MOF 4 具体的铜链细节和沿 a 轴方向的三维空洞框架

（为了清晰起见，省略了溶剂分子和所有氢原子）

在 **3** 中，配体 H$_4$TTPB 是完全质子化的。中心苯环和相邻苯环的二面角分别是 75.243°和 51.364°。所有的四氮唑上的配位模式都是同时桥连在三个铜离子上形成四氮唑—铜—四氮唑—铜的长链，多个长链无限延伸构成这个三维多孔的类沸石的中性框架结构。Cu^{Ⅰ}—MOF 3 的中心金属的价态也被 XPS 分析测试。类似的 XPS 数据，Cu 2p$^{3/2}$ 轨道的结合能（BE）也是 929eV，也说明了 **3** 中的铜的价态也是一价[17-18]。

3 和 **4** 的酸碱和溶剂抗性试验是通过将样品浸泡在不同溶剂（乙醇、二甲基甲酰胺、氯仿、二氧六环、甲苯）和 pH 梯度水溶液（pH = 1~13）48h（图 3-5）。结构的完整性和晶态情况是通过测定样品的 XRD 表征的。试验结果表明，**3** 和 **4** 都展现出良好的化学稳定性和溶剂稳定性。如此好的热稳定性和化学稳定性是因为刚性的配体和强的金属—配体键。刚性的 TTPB^{4-} 配体包含多个金属配位点，形成多个金属配位键构成稳定的框架。此外，富电子氮原子和含有空轨道的铜原子之间可以形成多重键、配位键和 d—p···π 反馈键，这可以增强铜和四氮唑中 N 的键能[19]。TTPB^{4-} 配体属于软碱，Cu（Ⅰ）属于软酸，这也符合软/硬酸/碱的理论。通过较强的金属—配体键可以构建更稳定的金属有机框架。

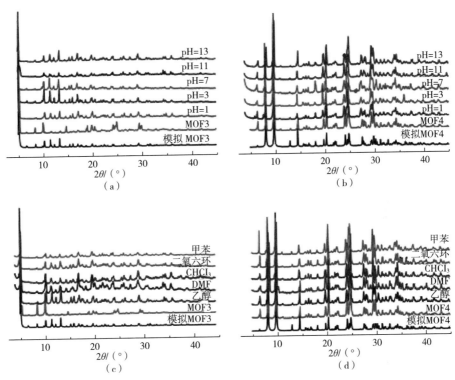

图 3-5 配合物 **3** 和 **4** 浸泡在不同 pH 的水溶液和一系列不同有机溶剂中的 PXRD

3.3.2 三维多孔 Cu^Ⅰ—MOFs 催化 C—H 键羰基反应

尽管氧化芳基环烷烃的课题已经研究了很多年，如何设计可以承受苛刻条件和高选择性的非均相催化剂仍然是一个挑战。为了优化催化剂在催化氧化芳基环烷烃的条件，课题组以四氢化萘（S6c）为模板反应底物，首先讨论了反应气氛的影响。如表 3-1 所示，在空气或氧气氛围中，以 **3** 或 **4** 作为催化剂的条件下，目标产物的收率都在 90% 以上；而氮气氛围下只有 10% 的收率。这些结果说明，氧气或空气在催化过程中起到重要作用。此外，还发现当催化剂的含量超过 5% 以后再增加催化剂的量，目标产物的收率没有明显变化。

表3-1 Cu^I—MOFs氧化反应气氛对催化效果的影响

序号	催化剂	气氛	底物	产物	S8c 产率/%
1	3	N$_2$			<10
2	4				<10
3	3	Air			80^a, 92^b
4	4				86^a, 95^b
5	3	O$_2$			81^a, 90^b
6	4				88^a, 96^b

a 反应条件：四氢化萘（**S6c**，1.0mmol），TBHP（**S7**，1.5mmol），催化剂（0.05mmol），水（2mL），室温超声，反应时间4h。

b 反应条件：反应时间6h，其他条件同a。

课题组还探究了催化剂**3**和**4**的底物适用性，六个底物（其中包括苯基环烷烃和苯基杂环烷烃）在优化的条件下转化为对应的酮化合物，结果见表3-2。由表中数据可知，**3**和**4**都展现出良好的催化性能。**3**和**4**的催化活性相似，这里只讨论**3**的催化情况。当二氢异苯并呋喃和异色满代替四氢化萘，目标产物的收率仍然在90%，这说明杂原子并不能影响这个催化过程。由于本身活性很高，异色满的转化过程可以在4h内完成，其收率为93%。而四氢化萘和二氢异苯并呋喃在4h的收率只有80%左右，转化率达到90%需要6h。表3-2中9和11条，9,10-二氢吖啶的产率最高可达99%；而9,10-二氢蒽的转化率很高，蒽-9(10H)-酮的收率略低于其他底物，原因是有10%的蒽-9,10-双酮产物的形成。总之，富电子官能团可以使氧化反应更简单。

如此好的催化性能是因为**3**和**4**的特殊结构，主要有以下四个方面的原因：Cu^I—MOFs **3**和**4**的中心金属都是不饱和配位，可以很好地催化合成产物；**3**中7Å×17Å和10Å×17Å的窗口和**4**中14Å×8Å一维孔道可以为底物和产物在孔腔内扩散和离去提供通道；**3**中的[Cu$_6$(CN)(H$_2$O)]和**4**中的铜链可以提供高密度的铜位点，这些位点可以促进底物向目标产物的转化；每个铜催化位点与相邻的位点有很长的距离，这就保证了在催化过程中催化位点不能形成协同增效作用，只有单一氧化产物的合成[20-22]。

表 3-2 Cu¹-MOFs 催化氧化反应的底物适用性

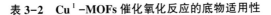

序号	催化剂	底物	产物	产率/%
1	**3**	**S6a**	**S8a**	92
2	**4**			97
3	**3**	**S6b**	**S8b**	78[a], 93[b]
4	**4**			83[a], 97[b]
5	**3**	**S6c**	**S8c**	80[a], 92[b]
6	**4**			86[a], 95[b]
7	**3**	**S6d**	**S8d**	93
8	**4**			98
9	**3**	**S6e**	**S8e**	85
10	**4**			87
11	**3**	**S6f**	**S8f**	95
12	**4**			99

a 反应条件：**S6a~e**（1.0mmol），**S7**（1.5mmol），催化剂（0.05mmol），水（2mL），室温超声，反应时间 4h。

b 反应条件：反应时间 6h，其他条件同 a。

无论是 **3** 还是 **4**，未催化反应前 Cu 2p$^{3/2}$ 的结合能都在 929eV，这个峰位置说明 Cu^{I}—MOFs 中的铜都是一价的。反应 1h 后，铜的 2p$^{3/2}$ 轨道的结合能位置分别在 929eV 和 931eV，其中 931eV 峰周围还有明显的卫星峰（942eV），这说明部分一价铜变为二价。当完全反应后，二价铜的结合能峰的位置逐渐消失，只有一价铜的结合能的峰（929eV）。XPS 结果说明，催化反应过程里存在中心金属的可逆氧化/还原转化。

基于以上的实验结果，课题组提出了 Cu^{I}—MOFs 催化 C—H 活化的机理，如图 3-6 所示。首先，Cu^{I}—MOFs 的中心金属被空气中的氧气氧化，叔丁基过氧化氢用来产生叔丁基自由基。其次，叔丁基自由基与芳基环烷烃反应生成碳正自由基。最后，碳正自由基被二价铜氧化生成目标产物，同时二价铜被还原为一价。

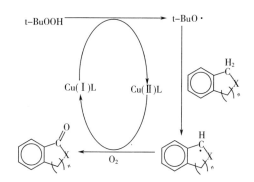

图 3-6　Cu^{I}—MOFs 催化氧化反应可能的机理

为了验证该反应是自由基反应，课题组利用四氢化萘为底物，二叔丁基对甲酚为自由基淬灭剂，**3** 为催化剂，做了同样的反应。结果发现，底物的转化率只有 5%，这个产率远远小于不加淬灭剂的 90%。对照实验说明，这个催化氧化过程一定有自由基的生成[23-24]。

课题组研究了 **3** 和 **4** 是否为非均相催化剂。发现利用原子吸收光谱仪测定过滤完催化剂的溶液中铜的含量低于 1mg/kg。过滤完催化剂的溶液在相同条件下继续反应 4h，底物的转化率没有变化。因此，以上结果说明 **3** 和 **4** 是非均相催化剂。催化剂的稳定性和循环性在实际应用上是一个重要参数。**3** 和 **4** 循环试验表明，经过 5 轮的循环试验催化产率和选择性几乎没有变化。反应循环后和循环前催化剂的 XRD 匹配得很好，说明它们具有优异的催化活性和循环性。

3.4 本章小结

利用不同有机胺作为模板剂成功地合成两个一价铜 MOF 材料。这两个 MOF 材料含有不饱和的催化位点,可以作为催化剂催化水相的 C—H,并且两个 MOF 材料都展现出优异的催化活性和选择性。更重要的是,这两个催化剂可以重复多次使用,并且产率没有明显的降低。两个一价铜 MOF 材料具有优异的催化性能和良好的稳定性,是形成碳氧双键的高效催化剂。

参考文献

[1] DESAI S P, YE J, ZHENG J, et al. Well-defined rhodium-gallium catalytic sites in a metal-organic framework: promoter-controlled selectivity in alkyne semihydrogenation to E-alkenes [J]. Journal of the American Chemical Society, 2018, 140: 15309-15318.

[2] KLET R C, TUSSUPBAYEV S, BORYCZ J, et al. Single-site organozirconium catalyst embedded in a metal-organic framework [J]. Journal of the American Chemical Society, 2015, 137: 15680-15683.

[3] FENG X, PI Y, SONG Y, et al. Integration of earth-abundant photosensitizers and catalysts in metal-organic frameworks enhances photocatalytic aerobic oxidation [J]. ACS Catalysis, 2021, 11: 1024-1032.

[4] HUANG C, ZHANG Y, YANG H. Oriented controllable fabrication of metalorganic frameworks membranes as solid catalysts for cascade indole acylation-Nazarov cyclization for cyclopentenone [b] indoles [J]. Crystal Growth & Design, 2018, 18: 5674-5681.

[5] SAWANO T, LIN Z, BOURES D, et al. Metal-organic frameworks stabilize mono (phosphine)-metal complexes for broad-scope catalytic reactions [J]. Journal of the American Chemical Society, 2016, 138: 9783-9786.

[6] SCHNEEMANN A, WAN L F, LIPTON A S, et al. Nanoconfinement of molecular magnesium borohydride captured in a bipyridine-functionalized Metal-Organic

Framework [J]. ACS Nano, 2020, 14: 10294-10304.

[7] MANNA K, ZHANG T, LIN W. Postsynthetic metalation of bipyridyl-containing metal-organic frameworks for highly efficient catalytic organic transformations [J]. Journal of the American Chemical Society, 2014, 136: 6566-6569.

[8] MANNA K, ZHANG T, GREENE F X, et al. Bipyridine-and phenanthroline-based metal-organic frameworks for highly efficient and tandem catalytic organic transformations via directed C—H activation [J]. Journal of the American Chemical Society, 2015, 137: 2665-2673.

[9] KIM D, WHANG D R, PARK S Y. Self-healing of molecular catalyst and photosensitizer on metal-organic framework: robust molecular system for photocatalytic H_2 evolution from water [J]. Journal of the American Chemical Society, 2016, 138: 8698-8701.

[10] LI J, LIAO J, REN Y, et al. Palladium catalysis for aerobic oxidation systems using robust metal-organic framework [J]. Angewandte Chemie International Edition, 2019, 58: 17148-17152.

[11] FEI H, COHEN S M. Metalation of a thiocatechol-functionalized Zr(Ⅳ)-based metal-organic framework for selective C-H functionalization [J]. Journal of the American Chemical Society, 2015, 137: 2191-2194.

[12] FEI H, SHIN J W, MENG Y S, et al. Reusable oxidation catalysis using metal-monocatecholato species in a robust metal-organic framework [J]. Journal of the American Chemical Society, 2014, 136: 4965-4973.

[13] HOD I, SAMPSON M D, DERIA P, et al. Fe-porphyrin-based metal-organic framework films as high-surface concentration, heterogeneous catalysts for electrochemical reduction of CO_2 [J]. ACS Catalysis, 2015, 5: 6302-6309.

[14] WANG X N, ZHANG P, KIRCHON A, et al. Crystallographic visualization of postsynthetic nickel clusters into metal-organic framework [J]. Journal of the American Chemical Society, 2019, 141: 13654-13663.

[15] ZHU Y Y, LAN G, FAN Y, et al. Merging photoredox and organometallic catalysts in a metal-organic framework significantly boosts photocatalytic activities [J]. Angewandte Chemie International Edition, 2018, 57: 14090-14094.

[16] LIN S, RAVARI A K, ZHU J, et al. Insights into MOF reactivity: chemical water oxidation catalysis [Ru(tpy)(dcbpy)OH_2]$^{2+}$ modified metal-organic

framework [J]. ChemSusChem, 2018, 11: 464-471.

[17] VALVEKENS P, BLOCH E D, LONG J R, et al. Counteranion effects on the catalytic activity of copper salts immobilized on the 2, 2′-bipyridine-functionalized metal–organic framework MOF-253 [J]. Catalysis Today, 2015, 246: 55-59.

[18] ZHANG T, MANNA K, LIN W. Metal-organic frameworks stabilize solution-inaccessible cobalt catalysts for highly efficient broad-scope organic transformations [J]. Journal of the American Chemical Society, 2016, 138: 3241-3249.

[19] FENG X, SONG Y, LI Z, et al. Metal–organic framework stabilizes a low-coordinate iridium complex for catalytic methane borylation [J]. Journal of the American Chemical Society, 2019, 141: 11196-11203.

[20] SUN C, SKORUPSKII G, DOU J H, et al. Reversible metalation and catalysis with a scorpionate-like metallo-ligand in a metal-organic framework [J]. Journal of the American Chemical Society, 2018, 140: 17394-17398.

[21] BURU C T, FARHA O K. Strategies for incorporating catalytically active polyoxometalates in metal–organic frameworks for organic transformations [J]. ACS Applied Materials & Interfaces, 2020, 12: 5345-5360.

[22] HUANG C, ZHU K, LU G, et al. Oriented assembly of copper metal-organic framework membranes as tandem catalysts to enhance C—H hydroxyalkynylation reactions with regiocontrol [J]. CrystEngComm, 2020, 22, 802-810.

[23] BURU C T, PLATERO-PRATS A E, CHICA D G, et al. Thermally induced migration of a polyoxometalate within a metal–organic framework and its catalytic effects [J]. Journal of Materials Chemistry A, 2018, 6: 7389-7394.

[24] BURU C T, LI P, MEHDI B L, et al. Adsorption of a catalytically accessible polyoxometalate in a mesoporous channel-type metal-organic framework [J]. Chemistry of Materials, 2017, 29: 5174-5181.

第4章

Ag—MOFs材料催化串联酰化—纳扎罗夫环化反应

4.1 引言

环戊烯酮[b]吡咯框架（玫瑰色荧光素，月橘烯碱，磷酸盐）是桥联氮杂多烯大环核心结构单元，在生物医学、药学等方面有着广泛应用，它们的开发刺激了高效大规模的合成试验，进而刺激着催化剂的研究开发转向高效经济绿色的合成[1-5]。近来的研究表明，串联吡咯酰化—纳扎罗夫环化反应可以使用路易斯酸（如BBr_3、$ZnCl_2$、$FeCl_3$、$AlCl_3$、[Sc(OTf)$_3$]、[Ti(OiPr)$_4$]）或者布朗酸（如H_3PO_4、HCl、TFA）作为均相催化剂，一步反应构建环戊烯酮[b]吡咯框架[4,6-9]。该反应涉及均相催化过程，催化剂不能够完全阻止低聚物的产生和消除分子内催化剂失活，造成反应过程中仅仅有少量的环化产物形成，伴随着有大量的副产物—酰化产物[10-11]。因此，为了克服这些缺点，把这些催化活性中心融合到固体载体中，可以提供一条崭新的路径，执行串联酰化—纳扎罗夫环化反应制备环戊烯酮[b]吡咯框架[12]。

近期以来，配位聚合物（CPs）已经成为一种功能化的有机—无机高分子材料，应用于新型清洁能源技术，从催化到储气/分离、超级电容器、光捕获、药物释放等方面[13-17]。尤其是它们灵活可控的结构设计，使其在有机转化的过程中作为单点或协同催化剂执行C—C活化、氧化反应、环化反应、缩合反应、环氧化作用等[18]。虽然CPs作为协同催化剂及单位点活性催化剂已经探索过了，但是将具有强金属—金属键的多金属活性位点选择性组装到基于CPs的催化剂中进行协同催化的研究仍然具有挑战性[19-21]。由于酶催化过程中两个或多个金属—金属之间的协同催化作用活化惰性基质或促进一些难以转化的反应，鼓舞着金属—金属键作为多核反应路径和多核反应平台在CPs催化领域中广泛应用。尤其这些反应平台可以利用多金属中心的协同作用，显示出优于传统催化体系的选择性及活性。

另外，在催化反应过程中，金属—金属键的断裂对于有机转化的速率及选择性可能会有所增强或降低[22-23]。尽管如此，在催化剂的体系中对于金属—金属键的协同效应的研究仍然很少[24]。金属—配体键合与不连续的金属—金属键在有机反应过程中会发生竞争作用，在这些催化条件下，单/双核及多核物种可以共存并且能够进行相互之间的快速转化[25-28]。为了有效地消除该过程，直接金属—金属键的所以，由于金属同金属键之间的强电子耦合作用存在，可以有效地消除金属—配体的竞争作用，直接在 CPs 内部合成金属—金属键可以有效地利用它们的协同催化过程[29-33]。这种研究补充了那些基于 CPs 的非均相催化剂体系，可以根据以上的研究对其协同作用的特征进行表征，研究催化过程中金属—金属键的存在与催化性能的相关联程度。虽然已经证明有金属—金属键的例子可以进行有机转化，但是准确控制金属—金属键在 CPs 中的存在形式是执行协同/串联催化作用的一个理想方法。

因此，可以通过溶剂效应、模板效应调整催化剂结构，有目的地获得具有功能化的有机框架结构；还可以依据非均相催化剂的优点、纳米材料的合成技术等合成具有生物和药学活性的有机物质。同时，催化剂框架结构中存在金属之间的单位点催化及协同催化作用，可以实现多功能团同时发生串联反应或某个官能团单独发生反应。

调控溶剂分子的极性、尺寸和形状（乙醇，异丙醇和 1,4-二氧六环），三个银配位聚合物（命名为：**5~7**，Ag-CPs），在溶剂热的条件下成功制备。溶剂分子的极性、尺寸和形状的对 **5~7** 的晶体结构中金属—金属键的形成产生巨大的影响；依靠 **5~7** 中金属—金属键的存在形式不同，**5~7** 被用来作为非均相催化剂，研究金属—金属键的协同催化作用对串联酰化—纳扎罗夫环化反应制备环戊烯酮 [b] 吡咯框架的影响。此外，串联吡咯酰化—纳扎罗夫环化制备环戊烯酮 [b] 吡咯框架的协同催化效应，也很好地证明了 Ag—CPs **5~7** 的催化作用。试验结果显示，Ag—CPs **6** 的催化活性远高于 **5** 和 **7** 的催化活性，因为 **6** 的结构特征比较独特，即 Ag—Ag—Ag 相互作用强，可作为促进串联酰化—纳扎罗夫环化反应的协同效应。

4.2 试验内容

4.2.1 1,2,4,5-四氮唑基苯（H_4TTB）配体的制备与表征

在250mL圆底烧瓶中加入1,2,4,5-四氰基苯（1g，5.61mmol）、三乙胺盐酸盐（9.27g，67.38mmol）、甲苯、NaN_3（4.38g，67.38mmol）和甲醇的混合物加热回流。反应停止趁热过滤，收集沉淀物，将沉淀物溶解于1mol/L NaOH水溶液中，用1mol/L HCl溶液进行滴定，至pH=4。再用蒸馏水和乙醚对白色沉淀予以洗涤，得1,2,4,5-四氮唑基苯（H_4TTB）1.8g，产率为91.8%（图4-1）。

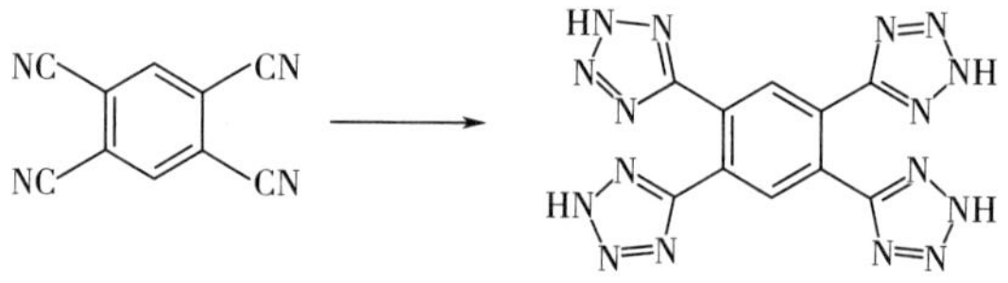

1，2，4，5-四氮唑基苯（H_4TTB）

图4-1 H_4TTB配体的制备

4.2.2 配合物 $[Ag_4(TTB)(H_2O)_2]_n$（5）的合成与表征

将$AgNO_3$（0.034g，0.2mmol）、$NH_3·H_2O$（4mL）、EtOH（4mL）及H_4TTB（0.017g，0.05mmol）加入25mL聚四氟乙烯容器中。将混合物密封并且于160℃烘箱中加热3天。反应结束后，将混合物以5℃/h的速度冷却，降至室温，得**5**的无色晶体，所得产率为53%（基于Ag配位的化合物）。

4.2.3 配合物 $[Ag_4(TTB)(H_2O)_3]_n$（6）的合成

将$AgNO_3$（0.034g，0.2mmol）、$NH_3·H_2O$（4mL）、^iPrOH（4mL）及H_4TTB（0.017g，0.05mmol）加入25mL聚四氟乙烯容器中。将混合物密封并且于160℃烘箱中加热3天。反应结束后，将混合物以5℃/h的速度冷却，降至室温，得**6**的无色晶体，所得产率为49%（基于Ag配位的化合物）。

4.2.4 配合物 [Ag$_4$(TTB)(H$_2$O)$_4$]$_n$(7)的合成

将 AgNO$_3$（0.034g，0.2mmol）、NH$_3$·H$_2$O（4mL）、1,4-二氧六环（4mL）及 H$_4$TTB（0.017g，0.05mmol）加入 25mL 聚四氟乙烯容器中。将混合物密封并且于 160℃烘箱中加热 3 天。反应结束后，将混合物以 5℃/h 的速度冷却，降至室温，得 **7** 的无色晶体，所得产率为 41%（基于 Ag 配位的化合物）。

4.2.5 串联酰化—纳扎罗夫环化反应用于环戊烯酮[b]吡咯框架合成的典型过程

将 N-对甲苯磺酰基吡咯（**S9**，1.0mmol）、α,β-不饱和羧酸（**S10a~d**，2.0mmol）加入含有三氟乙酸酐（TFAA，4.0mmol）和催化剂（0.05mmol，基于 Ag$^+$ 的 0.1 当量）的无水 1,2-二氯乙烷（DCE，15mL）溶液中。将所得到的混合溶液回流 5h 并冷却。所冷却的溶剂大部分都会在减压条件下蒸发，然后用乙酸乙酯（EtOAC）及水（3×15mL）萃取残余物。合并有机相，用无水硫酸钠进行干燥，真空条件浓缩。通过硅胶柱色谱将所得残余物进行纯化，得到纯产品 **S11a~d**。

4.3 试验结果与讨论

4.3.1 Ag—MOFs 的结构分析及表征

4.3.1.1 晶体 5 的结构

单晶体 X 射线衍射表明，晶体 **5** 是三斜晶系，P-1 空间群，不含金属—金属键的三维（3D）框架结构。晶体 **5** 的不对称单元包含 4 个银离子、2 个配位水和 2 个半独立配体［图 4-2（a）］。在晶体学中，Ag1 和 Ag2 这两个独立的银离子（Ag$^+$）采用"Y"形的三配位模式，由 3 个 TTB^{4-} 配体当中的 3 个氮原子配位。相比较而言，Ag3 和 Ag4 两个银离子（Ag$^+$）是呈现扭曲的四面体形，是由来自配位水中的 1 个氧原子及 3 个 TTB^{4-} 配体当中的 3 个氮原子所配位。Ag—N 和 Ag—O 键的距离范围为 2.171~2.555Å，与其他配合物近似[34]。

5 的晶体结构表明四个四唑环完全去质子化并相对于中心苯环扭曲，其二面角分别呈 31.58°、34.44°、51.65°、58.62°。有两类配位模式（Ⅰ和Ⅱ），如图 4-3 所示，四唑环结构中 12 个 Ag^+ 都可以同每个 TTB^{4-} 配体进行连接。因而，TTB^{4-} 配体可以桥接 Ag^+，因为 TTB^{4-} 配体 4 个四唑臂是可以旋转的，从而形成 3D 框架结构［图 4-2（b）］。与此同时，从氮吸附量的测定结果来看，超临界二氧化碳（$SC-CO_2$）活化后，N_2 的吸附量特别低，结果清晰地表明晶体 **1** 中无孔。此外，8 个银离子、6 个四唑环同 4 个配位水沿 a 轴形成特殊的双环结构［图 4-2（c）］。

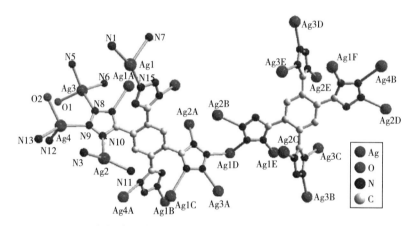

(a) **5**中Ag^+离子的配位环境（为清楚起见，省略氢原子）

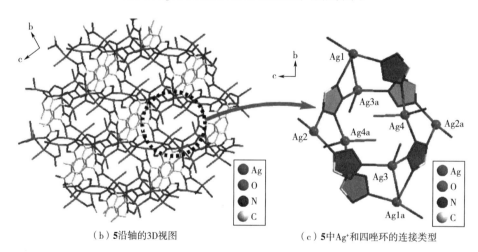

(b) **5**沿轴的3D视图　　　　　　　(c) **5**中Ag^+和四唑环的连接类型

图 4-2　晶体 **5** 的结构

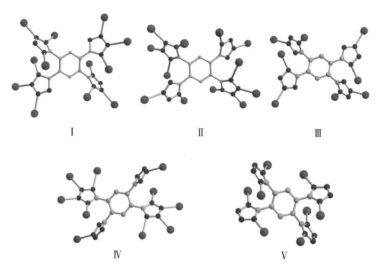

图 4-3 H_4TTB 在配位化合物 **5~7** 中的配位模式

4.3.1.2 晶体 6 的结构

正如我们所预期的,连锁异构现象的实现是通过采用溶剂效应得以完成的,可以以此作为占位符调节配位聚合物(CPs)框架的孔形状和性质。因此,与此相关的桥接配体及金属的配位几何形状所产生的空间效应可能会受到溶剂模板分子的大小及形状的影响。晶体 **6** 结构是在晶体 **5** 结构的适用条件下得以实现的,区别在于用异丙醇(^{i}PrOH)代替乙醇(EtOH)。X 射线单晶衍射分析表明,晶体 **6** 是三斜晶系,空间群 P-1,含 Ag—Ag—Ag 键所组成的 3D 框架。两个 Ag^+ 组成了 **6** 的不对称单元,其中一个 Ag^+ 和一半的 TTB^{4-} 形成配位,另一个 Ag^+ 和一半的水分子形成配位。如图 4-4 所示,Ag1 和 Ag3 采取的是四配位稍微扭曲变形的四面体配位几何构型。Ag1 离子是与来自不同的三个 TTB^{4-} 配体结构中的三个四唑 N(N1,N7,N15)原子及相邻的 Ag3 原子形成四配位结构,其几何形状是稍微变形的四面体配位。由两个 TTB^{4-} 配体的两个四唑 N 原子(N7,N7A)与来自配位水分子当中的一个 O 原子(O1)形成了 Ag2 离子的配位环境,其形成的几何形状为稍微变形的 T 形几何构型。Ag3(半个占有率)是由两个相邻的 Ag 原子(Ag1 和 Ag1A)同配位水分子中的两个 O 原子形成配位,所形成的几何形状为有些微变形的平面四边形。有趣的是,通过 Ag3 原子的主链使 Ag1 至 Ag1A 原子桥接在一起,直接形成 Ag—Ag 键,为线性 Ag1—Ag3—Ag1(Ag_3)簇。在 Ag_3 簇内,相邻的 Ag—Ag 距离为 3.053Å,比两个 Ag 原子(3.44Å)的范德瓦耳斯接触距离短。

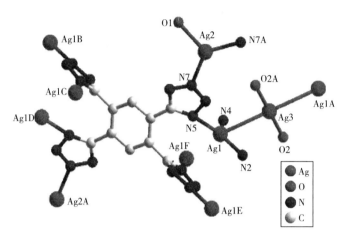

图 4-4　晶体 6 结构中 Ag（Ⅰ）离子的配位环境

（为清楚起见，省略氢原子）

6 的晶体结构表明四个四唑基团相对于中心苯环完全去质子化和扭曲，其二面角分别呈 29.09°和 69.54°。在 **6** 中，四氮唑基团采用如图 4-3 中Ⅲ的桥联模式，其连接 Ag1 原子，Ag1⋯Ag1 之间的距离为 6.204Å［图 4-5（a）］。Ag2 和 Ag3 原子与相邻的四氮唑进行连接，从而提供了螺旋链，该链是由重复的—Ag2—四唑—Ag1—Ag3—Ag1—四唑—Ag2—环所组成。这种螺旋链可以通过四齿 TTB^{4-} 配体中的四个可旋转的四氮唑臂进一步扩展成 3D 网状框架［图 4-5（b）］。此外，从氮气吸附实验中的测定结果来看，配合物 **2** 是无孔材料。同样地，环状结构的 8 个银离子、6 个配位水和 6 个四唑环构成催化活性位点，形成 Ag1—Ag3—Ag1 键的协同作用，从而促进有机转化过程［图 4-5（c）］。

4.3.1.3　晶体 7 的结构

晶体结构与溶剂分子之间的相互作用，使得溶剂分子对其形态控制及结构产生极大的影响，与 **5** 和 **6** 在相类似的条件下，晶体 **7** 是使用非极性溶剂 1,4-二氧六环来代替 EtOH 或 ^{i}PrOH 这两种极性溶剂。通过单晶体 X 射线衍射分析得到 **7** 的结构，结果表明，**7** 是三斜晶系，空间群 P-1，显示出具备 Ag—Ag 键的紧凑型 2D 框架。2 个独立的 TTB^{4-} 配体、4 个 Ag$^+$ 离子和 4 个配位水分子形成不对称单元 **7**（图 4-6）。四配位的 Ag1 离子的配位几何为四面体形，由 4 个 TTB^{4-} 配体中的 4 个 N 原子所填充。Ag2 离子则是由两个不同的 TTB^{4-} 配体中的两个四唑 N 原子及配位水分子中的一个 O 原子相连接，形成几何形为些微变形的"T"形。一个来自配位水中的 O 原子、两个不同的 TTB^{4-} 配体当中的两个四唑 N 原子和

第 4 章　Ag—MOFs 材料催化串联酰化—纳扎罗夫环化反应

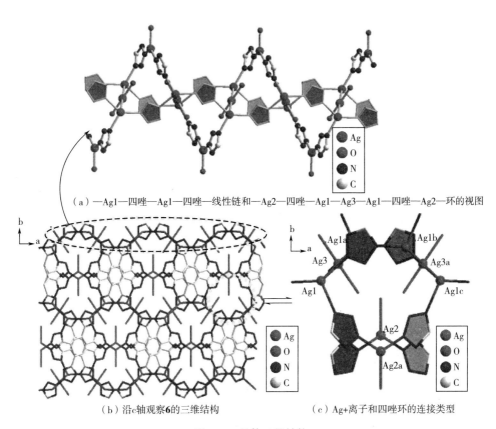

(a) —Ag1—四唑—Ag1—四唑—线性链和—Ag2—四唑—Ag1—Ag3—Ag1—四唑—Ag2—环的视图

(b) 沿 c 轴观察 6 的三维结构

(c) Ag+ 离子和四唑环的连接类型

图 4-5　晶体 6 的结构

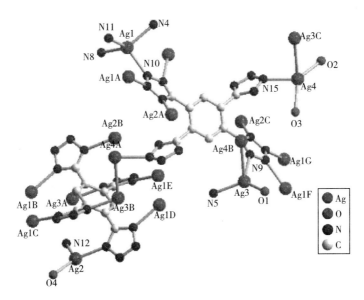

图 4-6　晶体 7 结构中 Ag(Ⅰ)离子的配位环境

相邻的 Ag4 原子形成 Ag3 的配位环境，其几何形状为有些微变形的四面体形。Ag4 离子为稍微变形的四面体构型，其中 Ag4 离子由来自相邻 Ag3 原子的两个 O 原子（O2，O3）、来自两个配位的水分子和 TTB^{4-} 配体的一个 N 原子（N15）形成配位。

7 的晶体结构表明，四个四唑环完全去质子化并相对于中心苯环扭曲，其二面角分别为 36.33°、49.17°、58.87°、64.62°。在晶体 **7** 中，四唑采取图 4-3 的 Ⅳ 和 Ⅴ 模式连接 Ag$^+$，形成 Ag$_{10}$（四唑）$_{10}$，其 Ag—Ag（Ag3—Ag4）距离为 3.043Å［图 4-7（a）］。四唑基团中 N 原子通过延伸，使这样的 Ag$_{10}$（四唑）$_{10}$ 可以进一步形成链状结构［图 4-7（b）］。四端 TTB^{4-} 配体结构中有四个可发生旋转的四唑臂结构，可使该链得以进一步组装，从而组装成为一个 2D 网状框架［图 4-7（c）］。

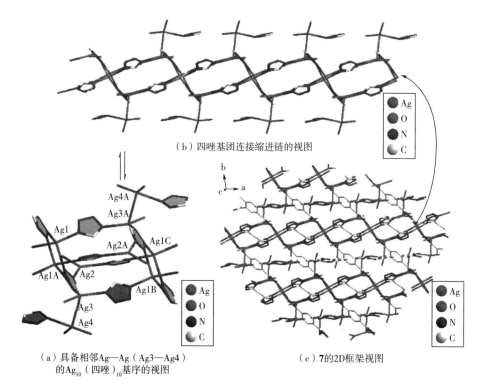

（b）四唑基团连接缩进链的视图

（a）具备相邻 Ag—Ag（Ag3—Ag4）的 Ag$_{10}$（四唑）$_{10}$ 基序的视图

（c）**7**的2D框架视图

图 4-7 晶体 **7** 的结构

溶剂效应可以有效地调节配位聚合物（CPs）的结构组成及化学性质，但是要达到课题组所期望的目标仍然是一个非常巨大的挑战，特别是相对于具有金属—金属相互作用的 CPs 的合成。利用多齿含 N 的 TTB^{4-} 配体与金属离子组装使

CPs拓扑结构更加难以预测，配体的配位模式将受溶剂分子的影响。在此过程中课题组使用了不同的溶剂（乙醇、异丙醇和1,4-二氧六环），从而获得具有多配位模型的多相催化剂的结构。

通过改变在配位过程中的溶剂分子（乙醇，异丙醇和1,4-二氧六环），制备了三种（5~7）基于Ag配位的CPs，溶剂的极性、尺寸和形状对5~7的晶体结构产生影响。中心苯环与四唑环之间的二面角会受到这些溶剂分子特征的影响，甚至会进一步影响到CPs的结构。当极性溶剂为EtOH时，晶体5是没有Ag—Ag键之间相互作用的3D框架，四唑环与中心苯环之间的二面角分别为31.58°、34.44°、51.65°、58.62°。有趣的是，在相同的条件下，反应混合物中，只是用^{i}PrOH这种范德瓦耳斯体积较大的溶剂代替EtOH，晶体6是唯一能够得到的产品。因而，在5的结构转变为6的3D框架中，形成Ag—Ag—Ag键。而且，相比于5中H_4TTB配体的扭曲，6中H_4TTB配体的四唑环与中心苯环之间的二面角为29.09°和69.54°，这是由于不同的范德瓦耳斯体积导致其二面角发生变化。三种溶剂的介电常数、偶极距和范德瓦耳斯体积见表4-1。

表4-1　EtOH、^{i}PrOH和1,4-二氧六环的介电常数、偶极矩[34]和范德瓦耳斯体积[35]

溶剂	介电常数	偶极矩	范德瓦耳斯体积/（cm^3/mol）
乙醇（EtOH）	30	1.69	31.94
异丙醇（^{i}PrOH）	18.3	1.59	42.16
1,4-二氧六环	2.3	0.45	49.62

类似6的合成过程当中，使用非极性溶剂1,4-二氧六环替代EtOH或^{i}PrOH（表4-1），得到另一种晶体结构7，其为紧凑的2D框架。相比之下，7中所形成的Ag—Ag键的连接模式与6不同，非极性溶剂1,4-二氧六环拥有最大的范德瓦耳斯体积（49.62cm^3/mol）。此外，7中的H_4TTB配体中的四唑环和中心苯环的二面角分别为36.33°、49.17°、58.87°、64.62°。在此实验的完成过程中，乙醇、异丙醇和1,4-二氧六环三种溶剂分子的不同尺寸、形状和极性在最终的框架结构中并不存在，实际上只是作为结构模板剂，在结构的形成过程中形成金属—金属键的配位趋势得益于模板剂对于金属离子的调节作用。

此外，在相同的实验条件下，溶剂分子的不同尺寸、形状和极性对所形成框架影响的事实促使我们采取系统的方法对其进行研究，研究内容是关于CPs结构可能会受到结构导向剂的不同体积比的影响。但是，通过调整溶剂的不同体积比，其结果总是不产生结晶或者是只产生少量无定形CPs。

4.3.2　Ag—MOFs选择性催化串联酰化—纳扎罗夫环化反应

采用α,β-不饱和羧酸和N-甲苯磺酰吡咯来合成环戊烯酮[b]吡咯框架的串联酰化-纳扎罗夫环化反应仍然是一项巨大的挑战，因此，需要在绿色化学的要求下得到纳扎罗夫环化产物，以及许多关键的中间产物。串联环化反应的过程中以CPs作为高效合成催化剂，受此启发，那么Ag—CPs作为非均相催化剂是否同样具备较高的催化活性，通过串联酰化-纳扎罗夫环化反应过程，是否形成的纳扎罗夫环化产物为唯一产物？

由于选择1,2-二氯乙烷（DCE）作为催化反应的溶剂，以测试CPs 5~7的耐溶剂性，将5~7的晶体置于沸腾的DCE中悬浮36h来进行确定。通过扫描电子显微镜（SEM）的照片分析表明，样品可以保持很好的稳定性，例如，在沸腾的DCE中36h仍然保持原有形状。

为了优化5~7作为非均相催化剂对串联酰化—纳扎罗夫环化反应的条件，将三氟乙酸酐（TFAA），N-甲苯磺酰基吡咯（**S9**）和α,β-不饱和羧酸回流5h。结果表明，当催化剂用量为5%时，可以得到目标产品。同时还发现这种新的催化体系对于α,β-不饱和羧酸催化环化N-甲苯磺酰基丙烯（**S10a**）的效果不尽如人意，其环化结果见表4-2中。在所有的实验条件下，非均相催化剂**5**不能对串联酰化—纳扎罗夫环化反应起作用，而**7**却可以实现该环化反应，得到环戊烯酮[b]吡咯产物的**S11a~d**，产率为45%~47%。更为明显的结果是，相较于非均相催化剂**5**和**7**，串联酰化-纳扎罗夫环化反应的活性明显不如非均相催化剂**6**，而得到的纳扎罗夫环化产物也为单一产物，其产率为86%~92%。相比较而言，在相同的反应条件下，均相催化剂$AgPF_6$、$AgPF_6$/H_4TTB和1,2,4,5-四氮唑基苯（H_4TTB）（一种常用于串联酰化-纳扎罗夫环化反应的路易斯酸催化剂）产生了一部分纳扎罗夫环化产物（<21%）和许多副产物（表4-3）。

表4-2 CPs 5~7催化的串联酰化—纳扎罗夫环化合成环戊烯酮[b]吡咯[a]

S9 (1当量) + S10 (2当量) → S11a~d 纳扎罗夫环化产物 环戊烯酮[b]吡咯框架

催化剂(5%,摩尔分数),三氟乙酸酐(TFAA),1,2-二氯乙烷,回流5h

S10a: R_1=H, R_2=R_3=CH_3
S10b: R_1=R_3=H, R_2=CH_3
S10c: R_1=R_3=H, R_2=Ph
S10d: R_1=EtOCO, R_3=H, R_2=Ph

序号	催化剂	α,β-不饱和羧酸	S11a~d 的产率[b]/%
1	5	S10a	—
2	6	S10a	92
3	7	S10a	47
4	$AgPF_6$	S10a	21
5	5	S10b	—
6	6	S10b	91
7	7	S10b	47
8	$AgPF_6$	S10b	18
9	5	S10c	—
10	6	S10c	88
11	7	S10c	46
12	$AgPF_6$	S10c	17
13	5	S10d	—
14	6	S10d	86
15	7	S10d	45
16	$AgPF_6$	S10d	15

a 反应条件:**S9**(1.0mmol),**S10a~d**(2.0mmol),催化剂(0.05mmol),TFAA(4.0mmol),DCE(15mL),回流5h。
b 5h后测定产品的分解产量。

表4-3 用 AgPF$_6$、AgPF$_6$/H$_4$TTB 和 H$_4$TTB 催化串联酰化—纳扎罗夫环化反应[a]

序号	催化剂	α,β-不饱和羧酸	S11a~d 的产率[b]/%
1	AgPF$_6$	S10a	21
2	AgPF$_6$/H$_4$TTB	S10a	29
3	H$_4$TTB	S10a	0
4	AgPF$_6$	S10b	18
5	AgPF$_6$/H$_4$TTB	S10b	25
6	H$_4$TTB	S10b	0
7	AgPF$_6$	S10c	17
8	AgPF$_6$/H$_4$TTB	S10c	19
9	H$_4$TTB	S10c	0
10	AgPF$_6$	S10d	15
11	AgPF$_6$/H$_4$TTB	S10d	17
12	H$_4$TTB	S10d	0

a 反应条件：**S9**（1.0mmol），**S10a~d**（2.0mmol），催化剂（0.05mmol），TFAA（4.0mmol），DCE（15mL），回流5h。

b 5h后测定产品的分解产量。

第 4 章　Ag—MOFs 材料催化串联酰化—纳扎罗夫环化反应

金属—金属键的具体框架使晶体 **6** 具有特异性与高选择性。单晶结构显示，**6** 的晶体结构中包含 Ag—Ag—Ag 键，所形成的线性 Ag1—Ag3—Ag1（Ag$_3$）簇是 TTB^{4-} 配体中的四唑环所连接而成。Ag$_3$ 簇可以作为多核反应平台，以提高催化有机转化的速率和选择性。此外，**6** 中的 Ag1—Ag3—Ag1 键的催化活性位点在框架中周期性地与具有最近邻位之间的距离固定，同时它们涉及双核反应机制，其中底物依靠与金属—金属键本身的特性快速反应。对于独特的底物—催化剂之间的相互作用，Ag$_3$ 簇具有非常重要的意义，并可用于控制选择性及协同催化活性物质产生串联与协同催化产物。

与此同时，过渡金属之间，无论相同的还是不同的，其金属—金属键都是强极化的，并且可以利用大的电负性差异来诱导三核或双核协同催化反应中的非对称性。因此，假设可以由 **6** 中的 Ag1—Ag3 键活化，从而使酸酐形成Ⅰ，形成更好的亲电性基Ⅱ。用 N-甲苯磺酰吡咯进攻Ⅱ，生成产物吡咯基乙烯基酮（Ⅲ）。Ag1—Ag3 键可能在该过程中发生断裂，由于另一个活性位点（Ag1）的存在，从而保留了 Ag3—Ag1 键的双核结构。并且 Ag3—Ag1 键可以协同催化，以释放水分子得到环戊二烯 [b] 吡咯框架（Ⅳ），催化剂进行下一个催化循环过程中，Ag1—Ag3 键可以恢复（图 4-8）。

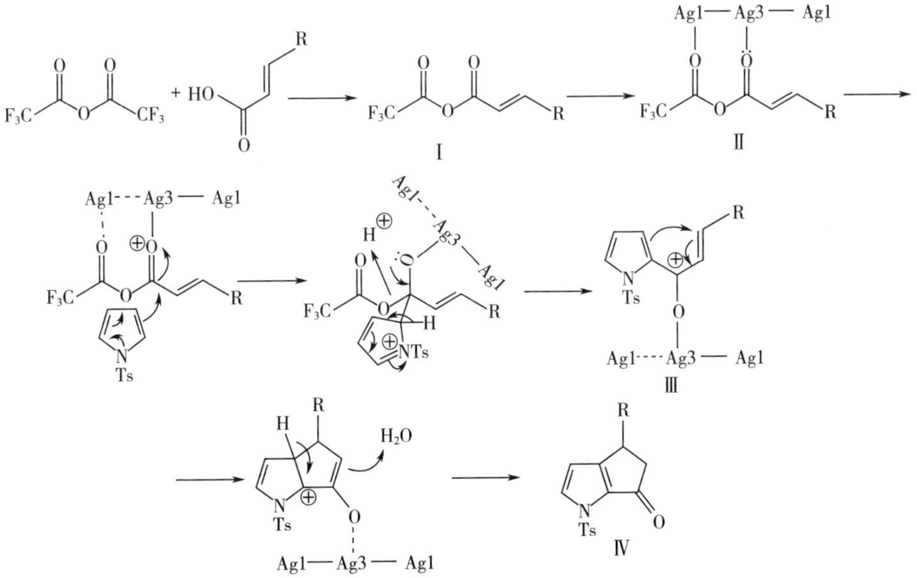

图 4-8　串联酰化—纳扎罗夫环化反应机理

为了验证该假设的正确性，在相同的反应条件下，用作为均相催化剂的

AgPF$_6$/H$_4$TTB 或 H$_4$TTB 配体进行试验（表 4-3）。使用 AgPF$_6$/H$_4$TTB 催化时，**S10a~d** 提供的纳扎罗夫环化产物产率为 17%~29%（**S11a~d**），而均相催化剂 H$_4$TTB 配体则没有产生相应的环化产物。催化剂 AgPF$_6$/H$_4$TTB 可能为相对比较简单的 CPs，形成单一金属中心，从而催化性能远低于由多相催化剂 **6** 获得的 86%~92%产率。通过 XPS 结构的研究，可了解不同反应时间（0、2.5h 和 5h）与催化剂中观察到的 Ag—Ag—Ag 键之间相互作用的相关性。反应过程中发现，Ag3d$^{2/5}$XPS 信号分别为 367.58eV、367.26eV 和 367.79eV，表明该过程的 Ag 作为 Ag$^+$ 存在（图 4-9）。

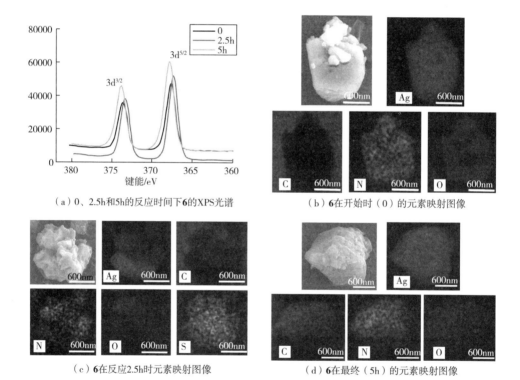

(a) 0、2.5h和5h的反应时间下**6**的XPS光谱　　(b) **6**在开始时（0）的元素映射图像

(c) **6**在反应2.5h时元素映射图像　　(d) **6**在最终（5h）的元素映射图像

图 4-9　利用 AgPF$_6$/H$_4$TTB 作为催化剂时不同反应时间的反应结果

研究结果表明，在 0、2.5h 和 5h 的反应时间条件下，Ag$^+$ 峰会有所偏移，是由于 Ag—Ag—Ag 键可以断裂并形成过渡态（Ag⋯Ag—Ag），但仍然保持双核结构通过协同效应促进环化反应[36]。而且，为了使反应过程更加清楚，通常用能量分散光谱仪（EDS）和映射图像（mapping）对催化剂和底物的变化进行观察。控制不同的反应时间（0、2.5h 和 5h）以研究催化剂的元素变化过程。S 对光谱

的贡献归因于在环化反应期间使用的 N-甲苯磺酰基吡咯。为了进一步探究 C、O、N、S 和 Ag 的分布，进行相应元素的映射图像测量，图 4-11（b）~（d）清楚地表明，不同反应时间中 C、O、N、S 和 Ag 成分的分布。此外 EDS 光谱清楚地显示了 **6** 中 C、O、N、S 和 Ag 元素在不同反应时间的变化。

相比之下，单晶 X 射线衍射分析表明，晶体结构 **5** 只具有 3D 框架，而在该结构中无 Ag—Ag 键。**5** 可以作为单位点催化剂，从而确保酰化反应的顺利进行。单晶结构分析显示，**7** 具有 Ag—Ag 键紧凑的 2D 框架。尽管由于 Ag—Ag 之间相互作用的存在，可以使用 **7** 作为非均相催化剂来生产纳扎罗夫环化产物，但是产率比 **6** 要低得多。原因在于在 Ag—Ag 键中，参与底物结合的仅有一个金属中心键（Ag3 或 Ag4），另外一个作为支持金属配体。形成的催化中间体非常类似于用单体—二聚体催化剂的催化中间体，导致形成纳扎罗夫环化产物和酰化产物。与晶体 **5**、晶体 **6**、$AgPF_6$ 和 $AgPF_6/H_4TTB$ 相比，在与 α，β-不饱和羧酸及吡咯进行串联酰化-纳扎罗夫环化反应时，**6** 可以作为更有效的非均相催化剂，从而使纳扎罗夫环化产物成为反应结果的单一产品。

为了进一步证实纳扎罗夫环化反应是发生在其表面而不是在晶体孔隙中，无须研磨或搅拌直接用 **6**（~0.28mm×0.27mm×0.25mm）的大晶体样品来进行纳扎罗夫环化反应。5h 后的收率将达到 81%，要稍低于研磨或搅拌的 86%收率。而且，在 $SC—CO_2$ 活化后的氮吸附测量表明，比表面分析仪（BET）所测定的表面积为 $1.2358m^2/g$。由于 N_2 吸收非常低，不能很好地提供晶体 **6** 的孔径分布（PSD），这就清晰地表明了在 **6** 中无孔。此外，PLATON 分析显示，**6** 没有自由孔隙率，这进一步说明 **6** 是完全无孔的材料。以上结果向我们提供了足够的证据，该环化反应发生的位置是在具有协同作用的晶体表面，而非晶体内部。另外，为了探究在环化反应中可能受到配位水分子的影响，将 **6** 的晶体样品置于 235℃的干燥炉中活化，以此排除配位水分子，形成活化样品 **6a**。在接下来的实验中，在相同反应条件下，用活化的 **6a** 样品进行 **S9** 和 **S10a** 的环化反应。反应 5h 后，**S10a** 的活化样品的产率为 94%，这也清楚地解释了配位的水分子是良好的离去基团，并且在催化过程中使有机底物与催化活性中心是接触有利的。

为了确定环化反应过程是否非均相反应，首先通过原子吸收光谱（AAS）分析检测了在环化反应过程，晶体 **6** 浸出银的量小于 1mg/kg。其次，进行过滤实验。在没有研磨或搅拌 1h 的大晶体样品 **6** 存在下转化 4 次后产率达到 24%，反应混合物通过砂芯漏斗转移催化剂，使上清液再反应 4h。发现在此期间上清液的转化率几乎保持不变。这些结果明确表明，**6** 是真正的非均相催化剂。

同时还研究了 **6** 对 **S9** 和 **S10a** 的催化反应的可回收性，以评价非均相催化剂的稳定性。在可回收性实验中，**6** 可以通过离心从催化反应中很容易地回收，回收的催化剂在 5 次使用后仅显示出轻微的劣化 [图 4-10（a）]。此外，第五次催化反应后，样品的 PXRD 图谱与 **6** 的单晶相似，没有发现框架崩解和分解的迹象，表明框架在至少 5 次运行后保持不变 [图 4-10（b）]，这些样品显示出具有巨大粒度分布的不规则颗粒，这可能是重新使用的催化剂高催化活性和可回收性的原因 [图 4-10（c）（d）]。

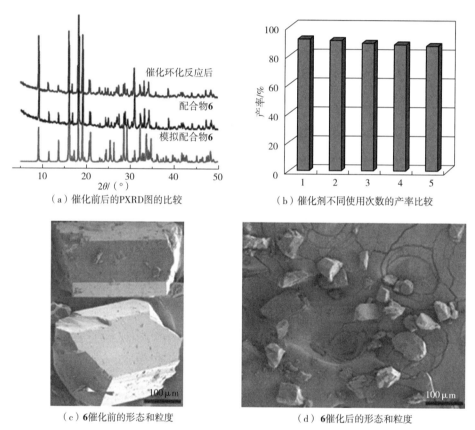

图 4-10 由 **6** 催化的酰化—纳扎罗夫环化反应的回收试验

4.4 本章小结

综上实验，使用不同溶剂模板分子作为结构导向剂（乙醇、异丙醇和 1,4-

二氧六环),调节和控制溶剂成功诱导合成一系列基于 Ag 的配位聚合物 **5~7**。可以通过改变溶剂分子的极性、形状和大小调整 **5~7** 的晶体结构。Ag—Ag—Ag 或 Ag—Ag 键的形成容易受到配体 H_4TTB 的配置及溶剂分子之间的相互作用的影响,从而使框架结构得到进一步的规范与调整。与此同时,通过改变引入溶剂分子的极性、形状和尺寸可以系统地调节 CPs 的金属—金属键。通过 Ag—Ag—Ag 键,**6** 可以作为有效的非均相催化剂,实现串联酰化-纳扎罗夫环化反应。为表明金属—金属键参与催化过程提供了直接的证据,并展示了在催化合成环戊烯酮[b]吡咯框架过程中的协同催化效应。

参考文献

[1] SAMANIYAN M, MIRZAEI M, KHAJAVIAN R, et al. Heterogeneous catalysis by polyoxometalates in metal-organic frameworks [J]. ACS Catalysis, 2019, 9: 10174-10191.

[2] MIALANE P, MELLOT-DRAZNIEKS C, GAIROLA P, et al. Heterogenisation of polyoxometalates and other metal-based complexes in metal-organic frameworks: from synthesis to characterisation and applications in catalysis [J]. Chemical Society Reviews, 2021, 50: 6152-6220.

[3] MUKHOPADHYAY S, DEBGUPTA J, SINGH C, et al. A keggin polyoxometalate shows water oxidation activity at neutral pH: POM@ ZIF-8, an efficient and robust electrocatalyst [J]. Angewandte Chemie International Edition, 2018, 57: 1918-1923.

[4] LIU Y, KRAVTSOV V C, EDDAOUDI M. Template directed assembly of zeolite-like metal-organic frameworks (ZMOFs): A usf-ZMOF with an unprecedented zeolite topology [J]. Angewandte Chemie International Edition, 2008, 47: 8446-8449.

[5] GRIGOROPOULOS A, MCKAY A I, KATSOULIDIS A P, et al. Encapsulation of crabtree's catalyst in sulfonated MIL-101 (Cr): enhancement of stability and selectivity between competing reaction pathways by the MOF chemical microenvironment [J]. Angewandte Chemie International Edition, 2018, 57: 4532-4537.

[6] ZHOU G, WANG B, CAO R. Acid catalysis in confined channels of metal-

organic frameworks: boosting orthoformate hydrolysis in basic solutions [J]. Journal of the American Chemical Society, 2020, 142: 14848-14853.

[7] ADAM R, MON M, GRECO R, et al. Self-assembly of catalytically active supramolecular coordination compounds within metal-organic frameworks [J]. Journal of the American Chemical Society, 2019, 141: 10350-10360.

[8] ROSSIN A, TUCI G, LUCONI L, et al. Metal-organic frameworks as heterogeneous catalysts in hydrogen production from lightweight inorganic hydrides [J]. ACS Catalysis, 2017, 7: 5035-5045.

[9] SZCZĘŚNIAK B, BORYSIUK S, CHOMA J, et al. Mechanochemical synthesis of highly porous materials [J]. Materials Horizons, 2020, 7: 1457-1473.

[10] GENNA D T, WONG-FOY A G, MATZGER A J, et al. Heterogenization of homogeneous catalysts in metal-organic frameworks via cation exchange [J]. Journal of the American Chemical Society, 2013, 135: 10586-10589.

[11] GENNA D T, PFUND L Y, SAMBLANET D C, et al. Rhodium hydrogenation catalysts supported in metal organic frameworks: influence of the framework on catalytic activity and selectivity [J]. ACS Catalysis, 2016, 6: 3569-3574.

[12] KLET R C, LIU Y, WANG T C, et al. Evaluation of Brønsted acidity and proton topology in Zr-and Hf-based metal-organic frameworks using potentiometric acid-base titration [J]. Journal of Materials Chemistry A, 2016, 4: 1479-1485.

[13] LIAO Y, SHERIDAN T, LIU J, et al. Product inhibition and the catalytic destruction of a nerve agent simulant by zirconium-based metal-organic frameworks [J]. ACS Applied Materials & Interfaces, 2021, 13: 30565-30575.

[14] AN J, FARHA O K, HUPP J T, et al. Metal-adeninate vertices for the construction of an exceptionally porous metal-organic framework [J]. Nature Communications, 2012, 3: 604.

[15] LI Z, RAYDER T M, LUO L, et al. Aperture-opening encapsulation of a transition metal catalyst in a metal-organic framework for CO_2 hydrogenation [J]. Journal of the American Chemical Society, 2018, 140: 8082-8085.

[16] VICIANO-CHUMILLAS M, MON M, FERRANDO-SORIA J, et al. Metal-organic frameworks as chemical nanoreactors: synthesis and stabilization of catalytically active metal species in confined spaces [J]. Accounts of Chemical Research, 2020, 53: 520-531.

[17] NASALEVICH M A, BECKER R, RAMOS-FERNANDEZ E V, et al. Co@NH$_2$-MIL-125 (Ti): cobaloxime-derived metal-organic framework-based composite for light-driven H$_2$ production [J]. Energy & Environmental Science, 2015, 8: 364-375.

[18] WANG X, WISSER F M, CANIVET J, et al. Immobilization of a full photosystem in the large-pore MIL-101 metal-organic framework for CO$_2$ reduction [J]. ChemSusChem, 2018, 11: 3315-3322.

[19] WANG X, LAN P C, MA S. Metal-organic frameworks for enzyme immobilization: beyond host matrix materials [J]. ACS Central Science, 2020, 6: 1497-1506.

[20] LI P, MOON S Y, GUELTA M A, et al. Nanosizing a metal-organic framework enzyme carrier for accelerating nerve agent hydrolysis [J]. ACS Nano, 2016, 10: 9174-9182.

[21] HUANG C, HAN X, SHAO Z, Solvent-induced assembly of sliver coordination polymers (CPs) as cooperative catalysts for synthesizing of cyclopentenone [b] pyrroles Frameworks [J]. Inorganic Chemistry, 2017, 56: 4874-4884.

[22] PAN Y, LI H, FARMAKES J, et al. How do enzymes orient when trapped on metal-organic framework (MOF) surfaces? [J]. Journal of the American Chemical Society, 2018, 140: 16032-16036.

[23] CHEN Y, LI P, MODICA J A, et al. Acid-resistant mesoporous metal-organic framework toward oral insulin delivery: protein encapsulation, protection, and release [J]. Journal of the American Chemical Society, 2018, 140: 5678-5681.

[24] LIAN X, HUANG Y, ZHU Y, et al. Enzyme-MOF nanoreactor activates nontoxic paracetamol for cancer therapy [J]. Angewandte Chemie International Edition, 2018, 130: 5827-5832.

[25] LIANG W, XU H, CARRARO F, et al. Enhanced activity of enzymes encapsulated in hydrophilic metal-organic frameworks [J]. Journal of the American Chemical Society, 2019, 141: 2348-2355.

[26] LIANG W, XU H, CARRARO F, et al. Enhanced activity of enzymes encapsulated in hydrophilic metal-organic frameworks [J]. Journal of the American Chemical Society, 2019, 141: 2348-2355.

[27] LI P, CHEN Q, WANG T C, et al. Hierarchically engineered mesoporous met-

al-organic frameworks toward cell-free immobilized enzyme systems [J]. Chem, 2018, 4: 1022-1034.

[28] CHEN Y, LI P, NOH H, et al. Stabilization of formate dehydrogenase in a metal-organic framework for bioelectrocatalytic reduction of CO_2 [J]. Angewandte Chemie International Edition, 2019, 58: 7682-7686.

[29] CHEN Y, LI P, ZHOU J, et al. Integration of enzymes and photosensitizers in a hierarchical mesoporous metal-organic framework for light-driven CO_2 reduction [J]. Journal of the American Chemical Society, 2020, 142: 1768-1773.

[30] LI P, MOON S Y, GUELTA M A, et al. Encapsulation of a nerve agent detoxifying enzyme by a mesoporous zirconium metal-organic framework engenders thermal and long-term stability [J]. Journal of the American Chemical Society, 2016, 138: 8052-8055.

[31] MALEKI A, SHAHBAZI M A, ALINEZHAD V, et al. The progress and prospect of zeolitic imidazolate frameworks in cancer therapy, antibacterial activity, and biomineralization [J]. Advanced Healthcare Materials, 2020, 9: e2000248.

[32] LIANG W, WIED P, CARRARO F, et al. Metal-organic framework-based enzyme biocomposites [J]. Chemical Reviews, 2021, 121: 1077-1129.

[33] GUO J, YANG L, GAO Z, et al. Insight of MOF environment-dependent enzyme activity via MOFs-in-nanochannels configuration [J]. ACS Catalysis, 2020, 10: 5949-5958.

[34] CAO Y, LI X, XIONG J, et al. Investigating the origin of high efficiency in confined multienzyme catalysis [J]. Nanoscale, 2019, 11: 22108-22117.

[35] PARENT L R, PHAM C H, PATTERSON J P, et al. Pore breathing of metal-organic frameworks by environmental transmission electron microscopy [J]. Journal of the American Chemical Society, 2017, 139: 13973-13976.

[36] SCHNEEMANN A, BON V, SCHWEDLER I, et al. Flexible metal-organic frameworks [J]. Chemical Society Reviews, 2014, 43: 6062-6096.

第5章

溶剂模板调控Zn—MOFs材料催化的精准组装

5.1 引言

由于MOFs的组成和结构多种多样且与其性能密切相关,因此人们不断探寻简单有效的方法来预测和调控MOFs的合成,以期能符合人们的设想。人们总结了很多能影响配合物合成及其结构的因素,如金属离子、有机配体、反应时间、温度、压力、pH值等[1-4]。此外,溶剂作为一种外部调节手段可以从热力学和动力学两方面同时影响配合物的最终结构[2-3]。溶剂模板在配合物合成中可以具有形状选择性和位点选择性,主要来源于其极性、位阻和与金属中心或配体的相互作用,而这种相互作用包括配位键、氢键、阴离子—π作用等[2-6]。一般来说,配位聚合物合成中溶剂模板通过两种不同时方式影响配合物结构:

(1)溶剂分子作为配体或客体分子进入配合物进而影响其构型;

(2)溶剂模板作为结构导向剂,占据配合物内部的部分空间,使配合物形成空腔结构,且不残留在产物晶体内部[2-6]。

考虑到实验中模板分子在配合物形成后可以离去,遗留下可供应用的孔道结构,因此这种模板效应往往被应用于合成具有空洞结构的MOF非均相催化剂或储氢材料[7-11]。例如,通过加入空间位阻不同的溶剂分子,人们可以调控这些配合物形成/抑制二重穿插,进而也就控制了晶体孔洞的存在与否[12]。报道称,四氢呋喃及1,4-二氧六环等溶剂分子可以通过其电负性的氧原子与配体上缺电子的芳香环相互作用,并将其命名为阴离子—π作用[13-17]。

受此启发,选择5,5′-双戊烷-1,2-取代间苯二甲酸(H_4pdpa)这一配体,探究1,4-二氧六环等模板分子调控配合物结构的能力。该配体分子含有两个通过五元碳链相连的间苯二甲酸,预计这样的缺电子芳香π键可与模板分子上的电负性的氧原子或氮原子形成阴离子—π作用,从而实现调控配合物结构的意图[18-21]。此外,由于五元碳链的存在,该配体有很强的柔性,可以形成复杂的三维结构和穿插结构,可以充分发挥模板分子调控配合物结构的能力。

经过大量的试验,通过水热法构筑锌配合物,并通过单晶衍射、多晶粉末衍射、元素分析、红外和热重分析等多种方法表征了它们的化学组成和结构。结果显示,模板分子对配合物结构有重要影响,利用模板效应,成功地得到了具有明显的一维孔道的配合物9,显示出优异的催化性能。

5.2 试验内容

5.2.1 $\{[Zn_2(pdpa)(H_2O)_2] \cdot 2H_2O\}_n$(8)的合成与表征

把 $Zn(NO_3)_2 \cdot 3H_2O$(0.059g, 0.2mmol)、H_4pdpa(0.043g, 0.1mmol)、NaOH(0.016g, 0.4mmol)和体积比为1:4的甲醇、水的混合溶剂10mL放入水热釜中,在130℃下反应72h,并降至室温(5℃/h),得到无色透明晶体**8**。

5.2.2 $\{[Zn_4(pdpa)_2(H_2O)_8] \cdot H_2O\}_n$(9)的合成与表征

把 $Zn(NO_3)_2 \cdot 3H_2O$(0.059g, 0.2mmol)、H_4pdpa(0.043g, 0.1mmol)、NaOH(0.016g, 0.4mmol)和体积比为1:4的甲醇、水的混合溶剂9mL及1mL四氢呋喃或1,4-二氧六环放入水热釜中,在130℃下反应72h,降至室温(5℃/h),得到无色透明晶体**9**。

5.2.3 $\{[Zn_5(pdpa)_2(\mu_3-OH)_2(H_2O)_3] \cdot 6H_2O \cdot CH_3OH\}_n$(10)的合成与表征

把 $Zn(NO_3)_2 \cdot 3H_2O$(0.059g, 0.2mmol)、H_4pdpa(0.043g, 0.1mmol)、NaOH(0.016g, 0.4mmol)和体积比为1:4的甲醇、水的混合溶剂2mL及8mL四氢呋喃或1,4-二氧六环放入水热釜中,在130℃下反应72h,并降至室温(5℃/h),得到无色透明晶体**10**。

5.2.4 Zn—MOFs 催化串联酰化—纳扎罗夫环化反应

将 N-对甲苯磺酰基吡咯（S9，1.0mmol）、α,β-不饱和羧酸（**S10a~d**，2.0mmol）加入含有三氟乙酸酐（TFAA，4.0mmol）和催化剂（0.3mmol，基于 Zn^{2+} 的 0.3 equiv）的无水二氯乙烷（DCE）溶液中，并回流 4 h。反应结束后，离心，用乙酸乙酯（EtOAC）及水萃取，合并有机相，用无水硫酸钠进行干燥，真空条件下浓缩。通过硅胶柱色谱将所得残余物进行纯化，得到纯产品 **S11a~d**。

5.3 试验结果与讨论

5.3.1 Zn—MOFs 的结构分析及表征

5.3.1.1 Zn—MOFs 8~10 的晶体结构

单晶 X 射线衍射分析表明，配合物 **8** 是单斜晶系，$P2_1/c$ 空间群，由双核锌组成的三维 MOF。锌有两种配位模式，Zn1 与周围三个配体 $pdpa^{4-}$ 的羧基氧和一个水分子相连，形成正四面体。Zn2 为五配位结构，与周围三个配体和两个水分子配位（图 5-1）。相邻的两个锌原子通过配体的羧基相连形成双核结构，核间距 3.482Å。每个双核结构与三个配体相连，同时每个配体的四个羧基连接四个

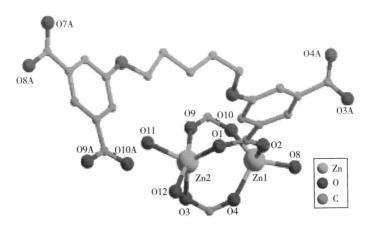

图 5-1 配合物 **8** 的配位环境图（简略起见，氢原子已被删去）

双核锌结构，形成具有一维孔道的三维结构（图5-2）。但是，由于配体 H_4pdpa 中含有五元碳链，具有相当强的柔性，相互交错的两个分子形成二重穿插结构，导致晶体最终没有明显的一维孔道（图5-3）。在拓扑分析中，将配体和双核锌结构均视为四连结点，则该晶体拓扑符号为 $\{4.5.6^4\}\{4.6^5\}$。

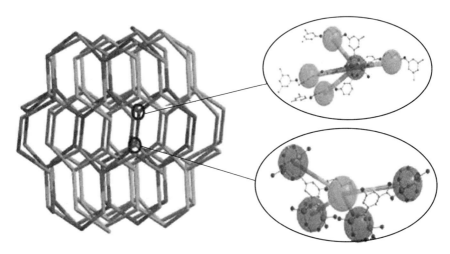

图5-2 配合物**8**的拓扑图及其中心金属与配体之间的连接示意图

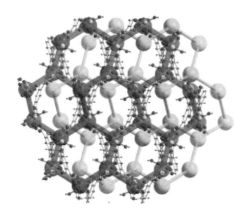

图5-3 配合物**8**的二重穿插结构的球棍模型

与期望的一致，在模板溶剂分子的作用下（模板溶剂与原溶剂体积比为1∶9），得到的配合物**9**结构与配合物**8**有了明显的不同。单晶X射线衍射分析表明，配合物**9**属于三斜晶系，$P-1$空间群。尽管配合物**9**中依然存在与配合物**1**类似的双核锌结构，但配体的构型发生了较大的改变。在配合物**9**中，配体中两个苯环的二面角由配合物**8**中的77.19°变为0.9°，意味着配体的构型从扭曲变为平面(图5-4)。因此,配体与双核锌形成了具有三十六元大环的二维平面结构(图5-5)。在π····π堆积的作用下,多层二维结构互相堆叠,形成了三维超分子结构。从 b 轴观察,该超分子具有大小约为16.7Å×9.8Å的一维孔道(图5-6)。

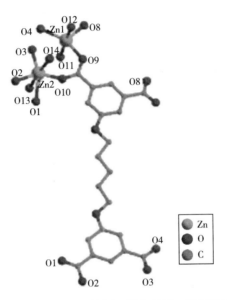

图5-4 配合物 **9** 的配位环境图(简略起见,氢原子已被删去)

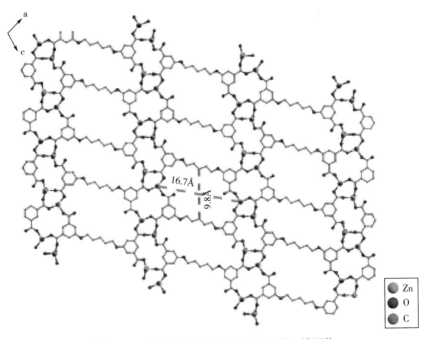

图5-5 b 轴方向上显示的配合物 **9** 的二维网络

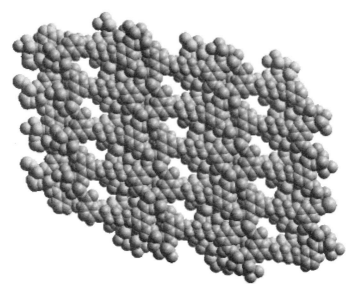

图 5-6 b 轴方向上显示的配合物 **9** 的堆积图，其中一维孔道清晰可见

随着模板溶剂加入比例的升高（模板溶剂与原溶剂体积比为 4∶1），得到了结构特点与配合物 **8** 和配合物 **9** 完全不同的配合物 **10**。单晶 X 射线衍射分析表明，配合物 **10** 属于单斜晶系，$P2_1/c$ 空间群。在配合物 **10** 中，五个晶体与独立的锌原子通过一个水分子和两个 μ3—OH（μ3—氧原子）相连，形成五核锌单元（图 5-7）。配体 H_4pdpa 中的四个羧基全部去质子化，与四个不同的五核锌单元相连，形成三维金属有机框架（图 5-8）。该晶体中所有 pdpa^{4-} 均可视为四连接点，

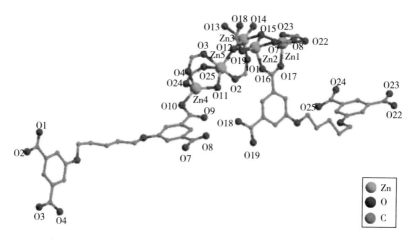

图 5-7 配合物 **10** 的配位环境图（简略起见，氢原子已被删去）

第 5 章　溶剂模板调控 Zn—MOFs 材料催化的精准组装

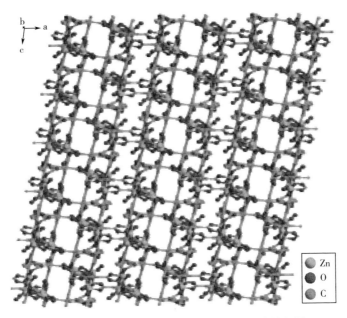

图 5-8　从 b 轴方向观察的配合物 **10** 的三维堆积图

同时每个五核单元与八个不同的配体相连，可视为八连接点。这样，配合物 **10** 在拓扑学上是一个 4,8 连接的结构，拓扑学符号为 $\{4^{10}.6^{15}.8^{3}\}\{4^{5}.6\}_{2}$（图 5-9）。

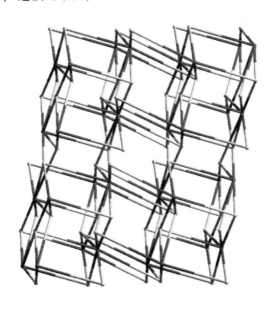

图 5-9　4,8 连接的配合物 **10** 的拓扑图

5.3.1.2 模板剂对配合物结构影响的研究

在加入少量模板溶剂的情况下（模板溶剂与原溶剂体积比为 1∶9），在上述水热条件下得到了具有二维层状结构的配合物 **9**。在模板剂的影响下，配体中两苯环二面角由配合物 **8** 和配合物 **9** 中的 77.2°转变为 0.9°，说明配体构象从扭曲变为了平面。配合物 **9** 含有与配合物 **8** 类似的双核锌单元，但由于配体构象的变化，配合物 **9** 的结构特点与配合物 **8** 明显不同。配合物 **9** 含有三十六元大环结构，并在 π⋯π 堆积的作用下形成了大小为 16.7Å×9.8Å 的一维孔道。然而，随着模板剂浓度的进一步升高（模板溶剂与原溶剂体积比为 4∶1），得到了具有五核金属簇结构的三维金属有机框架 **10**。在配合物 **10** 中，配体又重新回到扭曲构象，两苯环二面角变为 78.7°，并且晶体中没有了明显的孔道结构。

尽管目前关于溶剂对配合物的生长、晶体形貌和晶格结构的影响的研究已经较为完善，但具体地研究模板在混合溶剂中的比例对配合物最终结构的影响的报告还很少见[22-24]。此外，在这个工作中，证明了低浓度的模板溶剂作为结构导向剂可以只改变 MOF 中的配体构象而不影响其次级结构单元，从而形成超分子异构体。在以往的报道中，人们通常是通过改变溶剂体系的极性、湿度等来获得超分子异构体，与之相比，此方法更简便、更易于控制[23-26]。更重要的是，配体与模板分子之间的阴离子—π 作用直接导致了配体构象的变化，这种变化又进一步导致了配合物整体结构的变化，最终形成超分子异构。

5.3.2 Zn—MOFs 选择性催化串联酰化—纳扎罗夫环化反应

首先，粉末 X 射线衍射（PXRD）谱图证明，配合物 **8~10** 是纯净的晶体，不含杂质，可以用来进行催化试验。其次，由于催化反应中使用的溶剂是 1,2-二氯乙烷（DCE），将配合物 **8~10** 泡入 DCE 中，回流 48h，以验证其溶剂稳定性。试验结果表明，它们在回流后仍能保持完整晶态，并且单晶衍射分析也证明它们的晶胞参数并未发生明显改变。

为了研究配合物 **8~10** 作为非均相催化剂在纳扎罗夫串联成环反应中独特的催化能力，在控制其中心金属当量不变的前提下，将其催化活性与金属盐相比。利用前人报道的已优化好的反应条件，以 **S9**、**S10b** 及 **S10c**、三氟乙酸酐（TFAA）为反应底物，DCE 为溶剂，配合物 **8~10** 及氯化锌为催化剂，回流 4h，得到了一系列结果（表 5-1）。实验表明，配合物 **8** 和 **10** 对该反应有良好的催化能力，可以催化底物反应生成成环产物 **S11b** 及 **S11c**，但同时伴随有副产品，即酰化产物 **S12b** 及 **S12c**（表 5-1，第 2、4、6、8 条），说明其催化选择性一般。与之相比，氯化锌作为均相催化剂同样可以催化该反应，产物 **S11b** 及 **S11c** 的产率分别有 53% 和 61%。

值得一提的是，配合物 **9** 表现出了非常优异的催化活性，产物 **S11b** 及 **S11c** 的产率高达 98% 及 85%（表 5-1，第 3 和 7 条），远远高于配合物 **8**、**10** 及氯化锌。更重要的是，当配合物 **9** 作为催化剂时，纳扎罗夫成环产物是该反应的唯一产物，检测不到任何酰化产物的存在（通过薄层色谱分析），这意味着配合物 **9** 对该反应有着非常优秀的选择性，可以选择合成主产物同时避免副产物的生成。

表 5-1 配合物 8~10 对纳扎罗夫串联成环反应的催化产率[a]

序号	催化剂	α,β-不饱和羧酸	主要产物（S11b~c）产率[b]/%	副产物（S12b~c）产率[b]/%
1	$ZnCl_2$	S10b	53	44
2	**8**	S10b	33	35
3	**9**	S10b	98	未见到
4	**10**	S10b	48	10
5	$ZnCl_2$	S10c	61	35
6	**8**	S10c	30	30
7	**9**	S10c	85	未见到
8	**10**	S10c	25	5

a 反应条件：**S9**（1.0mmol），**S10b~c**（2.0mmol），催化剂（0.3mmol），TFAA（4.0mmol），DCE（15mL），回流（5h）。

b 4h 后测定产品的分解产量。

特别地，我们发现，当配合物 **9** 作为催化剂时，相同条件下 **S10c** 的产率要低于 **S10b**，这可能是由于参与合成 **S10c** 的羧酸底物 **S10c** 体积较大。为了证明这个猜想，进一步地研究底物体积对反应结果的影响。使用一系列大小不同的 α,β-不饱和羧酸作为底物（**S10a~d**），在相同条件下，以配合物 **9** 作为催化剂进行试验。试验证明，在配合物 **9** 的催化下，**S10a~d** 均可以有效地参与反应，得到纳扎罗夫成环产物 **S11a~d**，且几乎没有任何副产物。表 5-2 显示，产物 **S11a~d** 的产率按 **S11a=S11b>S11c>S11d** 的顺序下降，与参与合成它们的不饱和羧酸底物 **S10a~d** 分子尺寸上升的顺序完全一致。

同时，为了避免底物 **S10a~d** 本身活性不同而对该试验结果造成干扰，又利用这些不饱和羧酸作为底物在氯化锌的催化下进行试验。结果显示，产物 **S11a~d** 的产率分别为 43%、53%、61% 和 43%。这就说明配合物 **9** 为催化剂时 **S11a~d** 产率的差别并非源于底物活性的不同，而是由于它们空间位阻的差异。因此可以断定，MOFs 的空腔大小和有机底物的体积对于这类 MOFs 催化反应的产率有着重大的影响。这是由于 MOFs 在该反应中以非均相催化剂的形式参与反应，因此底物需要进入配合物空腔内部与活性金属位点结合，产物也需要以扩散形式从晶体内部游离出去。此外，当延长表 5-2 中第 6 条的反应时间至 12h 后，反应产率从 85% 上升至 98%。因此，反应底物位阻的增加仅仅导致反应速率的下降和反应时间的延长，并不会对配合物催化剂的选择性产生影响。

表 5-2 配合物 2 催化的一系列不同大小底物的产率[a]

序号	催化剂	α,β-不饱和羧酸	产物 S11a~d 的产率/%
1	$ZnCl_2$	S10a	43
2	**9**	S10a	98
3	$ZnCl_2$	S10b	53
4	**9**	S10b	98

续表

序号	催化剂	α,β-不饱和羧酸	产物 S11a~d 的产率/%
5	$ZnCl_2$	S10c	61
6	**9**	S10c	85/97[b]
7	$ZnCl_2$	S10d	43
8	**9**	S10d	65

a 反应条件：催化剂30%（摩尔分数），三氟乙酸酐，DCE，回流4h。
b 反应时间延长至12h。

配合物 **9** 具有如此优良的催化性能，应该源于它独特的晶体结构和孔道表面。首先，单晶 X 射线衍射分析表明，配合物 **9** 含有大小为 16.7Å×9.8Å 的一维孔道，保证了参与反应的底物和产品可以在晶体内部自由扩散。其次，配合物 **9** 中配体 pdpa^{4-} 的构象为平面型，从而在晶体内部形成了扁平的孔道截面。这样特别的孔道不但可以为反应提供必要的场所，而且其孔道截面可以稳定纳扎罗夫环化反应的中间体，从而表现出了良好的催化产物选择性。最后，孔道表面充斥了与金属锌配位的水分子。由于它们在有机反应中是良好的离去基团，因此在反应中活性金属位点会裸露出来，从而有效地与反应底物接触，得到良好的催化效果。与之相反，单晶 X 射线衍射分析显示，配合物 **8** 和 **10** 均没有明显的孔道结构。特别地，配合物 **8** 是具有二重穿插结构的三维金属有机框架，因此它的内部空腔很小，非常不利于催化反应的发生。配合物 **10** 中五核锌簇和扭曲的配体共同形成了紧密的配位环境，同样导致催化底物和产品难以自由进出，因而极大地影响反应产率。

总之，在配合物 **8** 和 **10** 中，仅有晶体表面具有有效的金属活性位点，同时它们无法提供任何关于产品大小和形状的选择性，因此配合物 **8** 和 **10** 作为催化剂会得到纳扎罗夫环化和酰化两种产品，主要产品产率不高。而配合物 **9** 作为有效的非均相催化剂，不但为反应进行提供了合适的场所，而且表现出了良好的产物选择性，目标产物产率极高且没有任何副产品。

另外，相比之前报道过的诸多均相催化剂，如 $Ti(Oi-Pr)_4$、$AlCl_3$、$Sc(Otf)_3$、$FeCl_3$ 和 $ZnCl_2$，配合物 **9** 作为非均相催化剂还具有诸多其他优点，比如可循环使用、易于同母液分离、对环境污染小等[27-29]。

为了进一步确认反应是发生在晶体内部空腔之中，该研究又使用大块的晶体 **9**（体积大约为 0.3mm×0.3mm×0.2mm）不经研碎直接作为催化剂参与反应。结果显示，以 **S10b** 作为底物，反应 4h 后，其纳扎罗夫环化产物 **S11b** 产率为 60%，且无任何副产品生成。由于晶体颗粒尺寸很大，比表面积相对较小，其表面的催化活性位点远远不足以支持反应的顺利进行，因此可以确定反应底物确实进入了晶体内部参与反应。此外，还通过试验进一步验证配合物 **9** 确实以非均相催化剂的形式参与此反应。以 **S10b**、**S9** 和三氟乙酸酐（TFAA）为反应底物，在未经研碎的大块晶体 **9** 的催化下，回流反应 30min，主产物 **S11b** 产率约为 10%。待反应冷却后，用砂芯漏斗过滤母液以除去晶体 **9**，而后继续反应 3.5h。此时发现原料转化率和 **S11b** 产率均未见明显提高。基于此过滤试验，证实配合物 **9** 在此反应中确实为非均相催化剂。

由于配合物 **9** 为非均相催化剂，测试了它的可重复使用能力。以 **S10b** 的实验为例，在反应结束后离心母液，过滤并用水简单洗涤固体，而后以其作为催化剂重复此试验。结果显示，配合物 **9** 至少可以循环实验四次而其催化效率未见明显下降（图 5-10）。此外，经过四次循环实验的配合物 **9** 的多晶粉末衍射（PXRD）图证明，配合物 **9** 框架并未坍塌分解，其结构依然保持完好。

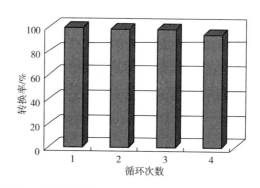

图 5-10 配合物 **9** 催化的纳扎罗夫串联环化反应合成 **S10b** 的循环试验图

5.4 本章小结

在本章中，分别测试了 Zn—MOFs（**8**、**9**）对吡咯环戊烯酮的合成和催化能力。试验结果表明,配合物**9**相对于其他MOFs催化剂和金属催化剂,显示出了非常优越的催化性能。在配合物**9**的催化下,吡咯环戊烯酮的合成产率接近100%,且没有任何副产品出现,这是以往文献报道中任何催化剂都无法做到的。通过分析其结构与催化性能间的联系,发现它们优秀的催化能力应归功于其含有较大的孔道和特殊的孔道表面。此外,通过大块晶体试验证明了这类MOFs催化反应应发生于催化剂内部空腔之中,这正是MOFs催化剂孔道大小决定其催化能力的一个重要因素。最后,过滤试验和PXRD证明了MOFs催化剂可以在反应中保持完好,因而属于非均相催化。循环试验也证明了这类催化剂可以重复试验数次而不见催化能力有明显下降。

参考文献

[1] LU G, LI S, GUO Z, et al. Imparting functionality to a metal-organic framework material by controlled nanoparticle encapsulation [J]. Nature Chemistry, 2012, 4: 310-316.

[2] JIANG Y, ZHANG X, DAI X, et al. Microwave-assisted synthesis of ultrafine Au nanoparticles immobilized on MOF-199 in high loading as efficient catalysts for a three-component coupling reaction [J]. Nano Research, 2017, 10: 876-889.

[3] GUMUS I, KARATAş Y, GÜLCAN M. Silver nanoparticles stabilized by a metal-organic framework (MIL-101 (Cr)) as an efficient catalyst for imine production from the dehydrogenative coupling of alcohols and amines [J]. Catalysis Science & Technology, 2020, 10: 4990-4999.

[4] FENG D, GU Z Y, LI J R, et al. Zirconium-metalloporphyrin PCN-222: mesoporous metal-organic frameworks with ultrahigh stability as biomimetic catalysts [J]. Angewandte Chemie International Edition, 2012, 51: 10307-10310.

[5] GOSWAMI S, NOH H, REDFERN L R, et al. Pore-templated growth of catalytically active gold nanoparticles within a metal-organic framework [J]. Chemistry of Materials, 2019, 31: 1485-1490.

[6] CORMA A, GARCIA H I, LLABRÉS I Xamena F X. Engineering metal organic frameworks for heterogeneous catalysis [J]. Chemical Reviews, 2010, 110:

4606-4655.

[7] MIAN M R, REDFERN L R, PRATIK S M, et al. Precise control of Cu nanoparticle size and catalytic activity through pore templating in Zr metal-organic frameworks [J]. Chemistry of Materials, 2020, 32: 3078-3086.

[8] YANG Y, ZHANG X, KANCHANAKUNGWANKUL S, et al. Unexpected "spontaneous" evolution of catalytic, MOF-supported single Cu (Ⅱ) cations to catalytic, MOF-supported Cu (0) nanoparticles [J]. Journal of the American Chemical Society, 2020, 142: 21169-21177.

[9] QIU X, CHEN J, ZOU X, et al. Encapsulation of C-N-decorated metal sub-nanoclusters/single atoms into a metal-organic framework for highly efficient catalysis [J]. Chemical Science, 2018, 9: 8962-8968.

[10] LUO L, LO W S, SI X, et al. Directional engraving within single crystalline metal-organic framework particles via oxidative linker cleaving [J]. Journal of the American Chemical Society, 2019, 141: 20365-20370.

[11] CURE J, MATTSON E, COCQ K, et al. High stability of ultra-small and isolated gold nanoparticles in metal-organic framework materials [J]. Journal of Materials Chemistry A, 2019, 7: 17536-17546.

[12] GAO K, HUANG C, YANG Y, et al. Cu (Ⅰ) -based metal-organic frameworks as efficient and recyclable heterogeneous catalysts for aqueous-medium C—H oxidation [J]. Crystal Growth & Design. 2019, 19: 976-982.

[13] SU J, YUAN S, WANG T, et al. Zirconium metal-organic frameworks incorporating tetrathiafulvalene linkers: robust and redox-active matrices for in situ confinement of metal nanoparticles [J]. Chemical Science, 2020, 11: 1918-1925.

[14] CELIS-SALAZAR P J, CAI M, CUCINELL C A, et al. Independent quantification of electron and ion diffusion in metallocene-doped metal-organic frameworks Thin Films [J]. Journal of the American Chemical Society, 2019, 141: 11947-11953.

[15] STEPHENSON C J, HUPP J T, FARHA O K. Pt@ ZIF-8 composite for the regioselective hydrogenation of terminal unsaturations in 1, 3-dienes and alkynes [J]. Inorganic Chemistry Frontiers, 2015, 2: 448-452.

[16] ZHAO Y, NI X, YE S, et al. A smart route for encapsulating Pd nanoparticles

into a ZIF-8 hollow microsphere and their superior catalytic properties [J]. Langmuir, 2020, 36: 2037-2043.

[17] DERIA P, MONDLOCH J E, KARAGIARIDI O, et al. Beyond post-synthesis modification: evolution of metal-organic frameworks via building block replacement [J]. Chemical Society Reviews, 2014, 43: 5896-5912.

[18] KIM M, CAHILL J F, FEI H, et al. Postsynthetic ligand and cation exchange in robust metal-organic frameworks [J]. Journal of the American Chemical Society, 2012, 134: 18082-18088.

[19] ZHANG W, LU G, CUI C, et al. A family of metal-organic frameworks exhibiting size-selective catalysis with encapsulated noble-metal nanoparticles [J]. Advanced Materials, 2014, 26: 4056-4060.

[20] LIU H, CHANG L, BAI C, et al. Controllable encapsulation of "Clean" metal clusters within MOFs through kinetic modulation: towards advanced heterogeneous nanocatalysts [J]. Angewandte Chemie International Edition, 2016, 55: 5019-5023.

[21] JIANG Y, ZHANG X, DAI X, et al. In situ synthesis of core-shell Pt-Cu frame@ metal-organic frameworks as multifunctional catalysts for hydrogenation reaction [J]. Chemistry of Materials, 2017, 29: 6336-6345.

[22] RÖSLER C, DISSEGNA S, RECHAC V L, et al. Encapsulation of bimetallic metal nanoparticles into robust zirconium-based metal-organic frameworks: evaluation of the catalytic potential for size-selective hydrogenation [J]. Chemistry-A European Journal, 2017, 23: 3583-3594.

[23] ZHENG S, YANG P, ZHANG F, et al. Pd nanoparticles encaged within amine-functionalized metal-organic frameworks: Catalytic activity and reaction mechanism in the hydrogenation of 2, 3, 5-trimethylbenzoquinone [J]. Chemical Engineering Journal, 2017, 328: 977-987.

[24] RUNGTAWEEVORANIT B, BAEK J, ARAUJO J R, et al. Copper nanocrystals encapsulated in Zr-based metal-organic frameworks for highly selective CO_2 hydrogenation to methanol [J]. Nano Letters, 2016, 16: 7645-7649.

[25] KOBAYASHI H, TAYLOR J M, MITSUKA Y, et al. Charge transfer dependence on CO_2 hydrogenation activity to methanol in Cu nanoparticles covered with metal-organic framework systems [J]. Chemical Science, 2019, 10: 3289-3294.

[26] ZHU Y, ZHENG J, YE J, et al. Copper-zirconia interfaces in UiO-66 enable selective catalytic hydrogenation of CO_2 to methanol [J]. Nature Communications, 2020, 11: 5849.

[27] AN B, ZHANG J, CHENG K, et al. Confinement of ultrasmall Cu/ZnO_x nanoparticles in metal-organic frameworks for selective methanol synthesis from catalytic hydrogenation of CO_2 [J]. Journal of the American Chemical Society, 2017, 139: 3834-3840.

[28] GUTTERØD E S, LAZZARINI A, FJERMESTAD T, et al. Hydrogenation of CO_2 to methanol by Pt nanoparticles encapsulated in UiO-67: deciphering the role of the metal-organic framework [J]. Journal of the American Chemical Society, 2019, 142: 999-1009.

[29] GUTTERØD E S, PULUMATI S H, KAUR G, et al. Influence of defects and H_2O on the hydrogenation of CO_2 to methanol over Pt nanoparticles in UiO-67 metal-organic framework [J]. Journal of the American Chemical Society, 2020, 142: 17105-17118.

第6章

溶剂调控Co—MOFs材料催化串联C—N键环化反应

6.1 引言

随着科学技术的不断发展,在化学方面,人们更加希望寻找到新方法与新技术,在合成新物质的同时又可以提高效率、降低能耗。有机合成中,为了合成复杂分子,往往需要很长的反应路线,每一步反应间还需要烦琐复杂的分离纯化过程[1-4]。所以从环保经济角度看,简化步骤、避免中间体的分离提纯是非常有必要的。这也是串联反应的意义所在。串联反应是上一步生成的活泼中间体紧接着发生下一步反应,得到目标产物[5-9]。越来越多的科学研究者专注于研究高性能催化剂以实现此类串联反应,进而衍生出了许多新型催化剂,这其中就包括性能优良的MOFs催化剂。

凭借MOFs独特的多孔性、可修饰性及超高的比表面积,在催化领域具有广泛的应用,有效整合了均相催化剂和非均相催化剂两者的优势,在催化领域中飞速发展。尽管MOFs作为催化剂已经被广泛地应用到羟醛缩合反应、脑文格(Knoevenagel)缩合反应、胺的烷基化反应、加氢反应、加氢甲酰化反应等多种有机反应之中,但是在如何设计合成新型MOFs,催化合成具有生物活性或者药理功能的分子方面存在着挑战[9-13]。尤其是通过串联环化反应一步得到咪唑啉或四氢嘧啶化合物,具有重大意义。如何高效简便地经过串联反应得到咪唑啉或四氢嘧啶化合物,也是具有非常大的挑战的。所以结合了MOFs作为非均相催化剂的优点,框架中金属离子之间协同作用,实现多官能团同时发生串联反应,设计合成新颖的MOFs催化剂,并将其应用到天然产物的合成之中。通过系统全面的研究,进一步总结了配合物结构与催化性能之间的关系,为MOFs催化剂的研究提供了参考和依据,获得催化性能优越的MOFs催化剂。

6.2 试验内容

6.2.1 $\{[Co_2(pdpa)(CH_3CN)(H_2O)_3]\cdot CH_3OH\cdot H_2O\}_n$（11）的合成与表征

把 $Co(NO_3)_2\cdot 3H_2O$（0.058g，0.2mmol）、H_4pdpa（0.043g，0.1mmol）、NaOH（0.016g，0.4mmol）和体积比为 1∶2∶8 的乙腈、甲醇、水的混合溶剂 10mL 放入水热釜中，在 160℃下反应 72h，降至室温（5℃/h），得到紫色透亮晶体 **11**。

6.2.2 $\{[Co_2(pdpa)(CH_3CN)(H_2O)_3]\}_n$（12）的合成与表征

把 $Co(NO_3)_2\cdot 3H_2O$（0.058g，0.2mmol）、H_4pdpa（0.043g，0.1mmol）、NaOH（0.016g，0.4mmol）和体积比为 1∶2∶8 的乙腈、甲醇、水的混合溶剂 9mL 及 1mL 四氢呋喃或 1,4-二氧六环放入水热釜中，在 160℃下反应 72h，降至室温（5℃/h），得到紫色透亮晶体 **12**。

6.2.3 $\{[Co_5(pdpa)_2(\mu_3-OH)_2(H_2O)_6]\cdot 2H_2O\}_n$（13）的合成与表征

把 $Co(NO_3)_2\cdot 3H_2O$（0.058g，0.2mmol）、H_4pdpa（0.043g，0.1mmol）、NaOH（0.016g，0.4mmol）和体积比为 1∶2∶8 的乙腈、甲醇、水的混合溶剂 2mL 及 8mL 四氢呋喃或 1,4-二氧六环放入水热釜中，在 160℃下反应 72h，降至室温（5℃/h），得到紫色透亮晶体 **13**。

6.2.4 Co-MOFs 11~13 作为催化剂催化串联 C—N 键环化反应

分别将催化剂 Co—MOFs 11~13（0.1mmol）、芳香腈（**S13a~d**，1.0mmol）、乙二胺（**S14**）或 1,3-丙二胺（**S14'**）（0.3mL）混合加入甲苯（10mL）中，加热到 120℃，通过薄层色谱法（TLC）监控发现，4h 后原料基本反应完全。随后，该混合体系冷却到室温，并用乙酸乙酯（EA）稀释，离心，萃取（水，3×

10mL)。合并有机相，无水硫酸钠干燥，并在减压条件下浓缩，利用硅胶柱层析法分离提纯产品，分别得到咪唑啉框架（**S15a~d**）和四氢嘧啶框架（**S16a~d**）。

6.3 试验结果与讨论

6.3.1 Co—MOFs 的结构分析及表征

X 射线单晶衍射分析表明，三维金属有机框架 **11** 属于单斜晶系，$P2_1/c$ 空间群。**11** 中每个不对称单元含有两个晶体学相异的钴离子，一个完全去质子化的配体 pdpa^{4-}，三个配位水分子和一个乙腈分子（图 6-1）。两个相邻的钴离子与配体 pdpa^{4-} 上的羧基相连，形成一个结构为 $\{Co_2(CO_2)_2\}$ 的金属双核次级结构单元。从图 6-2 可以看到，由于单个配体上两苯环夹角为 20°，配体构象扭曲，这些次级结构单元会进一步与配体上的羧基相连，构成 2_1 螺旋链。从 a 轴方向观察这些螺旋链可被视为横截面约为 6Å×6Å 的一维孔道（已考虑到孔道表面原子的范德瓦耳斯半径），这是配合物 **11** 的一个重要的结构特点。这些螺旋链按 P-和 M-的螺旋性交替排列，共同构成具有一维孔道结构的内消旋晶体（图 6-3）。在拓扑学上，**11** 为 4,4 连接的结构，拓扑学符号为 $\{4^2 \cdot 8^4\}$（图 6-4）。

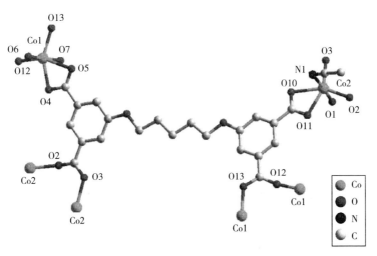

图 6-1 配合物 **11** 的配位环境图（简略起见，氢原子已被删去）

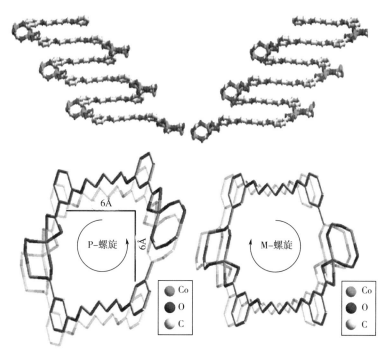

图6-2 从 b 轴（上方）及 a 轴（下方）观察 11 中的 2_1 螺旋链

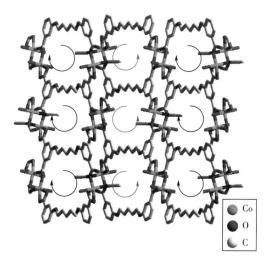

图6-3 从 a 轴观察，由螺旋链交替排列构成的具有三维结构的配合物 11

在与 11 相同的水热条件下，通过添加少量的结构导向剂 1,4-二氧六环（加入体积：原溶剂体系体积=1∶9）得到了配合物 12。结构分析表明，晶体 12 属于三斜晶系，P-1 空间群。晶体 12 中每个不对称单元包含两个晶体学独立的钴

第6章 溶剂调控 Co—MOFs 材料催化串联 C—N 键环化反应

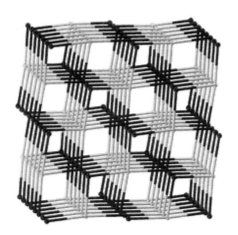

图 6-4 配合物 **11** 的拓扑图

离子、一个完全去质子化的配体 pdpa^{4-}、三个配位的水分子和一个配位的乙腈分子（图 6-5）。与配合物 **11** 类似，两个不同配体上的两个羧基与两个钴离子相连形成组成为 $\{Co_2(CO_2)_2\}$ 的次级结构单元。因此，**11** 与 **12** 为超分子异构体，它们的化学组成和结构单元完全相同。然而，在溶剂模板的作用下，pdpa^{4-} 上的两个苯环夹角由 **11** 中的 20°变为 **12** 中的 0.3°，配体构象变为平面。因此，在配合物 **12** 中，两个 $\{Co_2(CO_2)_2\}$ 单元与两个 pdpa^{4-} 形成一个闭合的 36 元大

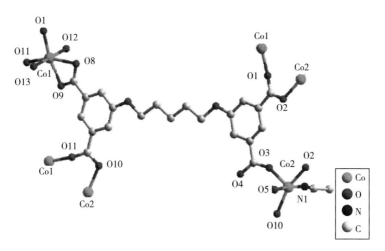

图 6-5 配合物 **12** 的配位环境（简略起见，氢原子已被删去）

环，而不是像 **11** 一样形成无限延伸的一维螺旋链。处于同一平面的 $\{Co_2(CO_2)_2\}$ 单元和配体相互连接，共同构成二维平面（图 6-6）。这样的二维平面通过层与层之间配体上苯环间的 π 共轭作用堆积起来，形成 **12** 的三维超分子结构。从 b 轴方向观察，晶体 **12** 含有尺寸为 15Å×8Å 的一维孔道结构（图 6-7，已考虑到孔道表面原子的范德瓦耳斯半径）。

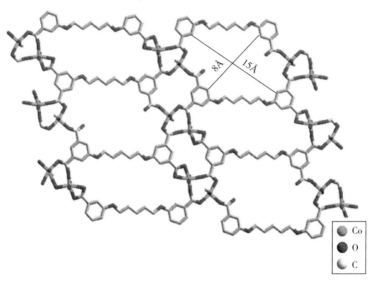

图 6-6　b 轴方向观察的 **12** 的二维平面结构

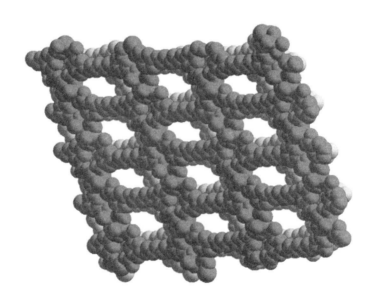

图 6-7　配合物 **12** 的空间堆积

第 6 章 溶剂调控 Co—MOFs 材料催化串联 C—N 键环化反应

继续增加的模板溶剂 1,4-二氧六环的体积（1,4-二氧六环与原溶剂体系体积比为 4∶1），在相同水热条件下得到了配合物 **13**。单晶衍射分析显示，**13** 属于正交晶系，$Fdd2$ 空间群。每个不对称单元含有 2.5 个钴离子、一个完全去质子化的配体、一个 μ_3 羟基氧原子和三个配位水分子（图 6-8）。五个对称性相关的相邻钴离子（Co1、Co2、Co3、Co2A 和 Co3A）与两个 μ_3 羟基氧原子和两个水分子相连，共同构成组成为 $[Co_5(\mu_3-OH)_2(H_2O)_2]$ 的五核金属簇。这一次级结构单元与 **11** 和 **12** 中的 $\{Co_2(CO_2)_2\}$ 单元完全不同。配体 pdpa^{4-} 完全去质子化，每个羧基均采取单齿配位的方式与金属钴配位。任一 $[Co_5(\mu_3-OH)_2(H_2O)_2]$ 均可向外延伸与八个配体相连，同时每个配体也通过四个羧基与八个五核金属簇相连，最终形成三维金属有机框架 **13**（图 6-9）。每个 $[Co_5(\mu_3-OH)_2(H_2O)_2]$ 可被视为八连接点，而每个配体为四连接点。这样，**13** 在拓扑学上就被定义为 4,8 连接网络，拓扑学符号为 $\{4^3.6^{23}.8^2\}\{4^3.6^3\}_2$（图 6-10）。

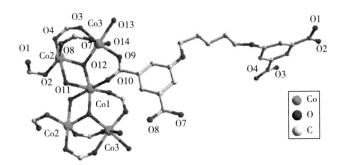

图 6-8　配合物 **13** 的配位环境（简略起见，氢原子已被删去）

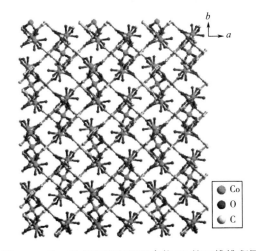

图 6-9　从 c 轴方向观察的配合物 **13** 的三维堆积图

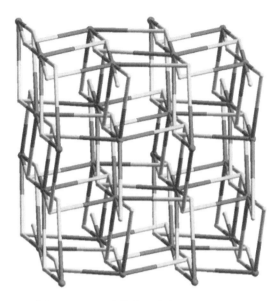

图 6-10　4,8 连接的配合物 **13** 的拓扑图

同时，课题组探索了模板剂对 Co—MOFs 的结构影响。首先，利用硝酸钴、配体、氢氧化钠，在乙腈、甲醇、水的混合溶剂体系中（体积比为 1∶2∶8）得到了配合物 **11**。在加入少量模板溶剂的情况下（模板溶剂与原溶剂体积比为 1∶9），得到了配合物 **12**。与 **11** 相比，晶体中双核金属单元 $\{Co_2(CO_2)_2\}$ 未发生改变，但与之相连的配体的构象发生了明显的变化，两苯环二面角从 20.0°变为 0.3°。由此可知，晶体内存在的一维孔道的大小也从 **11** 的 6Å×6Å 增加到 **12** 中的 15Å×8Å。当模板溶剂与原溶剂体积比为 4∶1 时，具有三维结构的配合物 **13** 出现了。构成配合物 **13** 的次级结构单元与 **11** 和 **12** 中的完全不同，是由五个相邻的金属钴构成的五核单元 $\{Co_5(\mu_3\text{-}OH)_2(H_2O)_2\}$。在 **13** 中，配体又重新回到扭曲的构象，两苯环二面角为 77.8°，同时，由于金属配位环境十分紧密，**13** 不存在明显的一维孔道结构。

6.3.2　Co—MOFs 催化串联 C—N 键环化反应

作为生物化学和药物化学中常用的结构单元，2 位取代的四氢嘧啶和咪唑啉衍生物的合成引起了人们极大的兴趣[14-17]。很多科研工作者关注一种特别的制备上述杂环化合物的方法，即通过催化串联的方法利用芳香腈和二胺直接合成得到。这是由于这种方法简单有效，原子利用率高，符合人们对于绿色化学的要求。然而，对于这类反应，设计合成有效的非均相 MOFs 催化剂和它们的构效关系仍有待人们进一步研究。

配合物 **11~13** 的多晶粉末衍射（PXRD）实验图和模拟图的对比证明它们是不含杂质的晶体，可用于催化反应。首先，为了初步确定配合物 **11~13** 的催化活性，课题组以两种芳香腈（**S13a** 和 **S13b**）和乙二胺为底物，**11~13** 为催化剂，甲苯为溶剂，在回流状态下反应 4h，得到一系列环加成产物。从表 6-1 中可以发现，**11** 和 **12** 均为有效的催化剂，可以催化反应生成环加成产物 **S15a** 和 **S15b**，且有较高的产率（45%~89%）。其中 **12** 的催化效果较 **11** 更好，在其催化下，产物 **S15a** 和 **S15b** 分别具有 89% 和 60% 的产率。与之相反，**13** 作为催化剂时反应产率较低，说明其催化效果较差。作为对比，对于底物 **S13a** 和 **S13b**，均相催化剂醋酸钴在相同条件下催化上述反应，最终产率分别为 59% 和 35%。类似的现象在四氢嘧啶衍生物的合成中同样可以看到。以 **S13a** 和 **S13b** 为底物，用丙二胺代替乙二胺，其他条件保持不变，最终产物 **S16a** 和 **S16b** 的产率见表 6-2。

表 6-1　以芳香腈（**S13a~d**）和乙二胺为原料催化合成 2-咪唑啉衍生物的产率

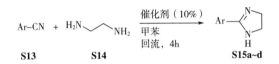

S13a: Ar = 4-吡啶
S13b: Ar = Ph
S13c: Ar = 4-NCC₆H₄
S13d: Ar = 1-吡啶

序号	氰基芳香物	产物	催化剂	产率/%
1	5.37Å　4.30Å　**S13a**	S15a	Co(OAc)₂	59
2			11	80
3			12	89
4			13	64
5	6.44Å　4.29Å　**S13b**	S15b	Co(OAc)₂	35
6			11	45
7			12	60
8			13	42

续表

序号	氰基芳香物	产物	催化剂	产率/%
9	7.94Å 4.29Å **S13c**	S15c	Co(OAc)$_2$	40
10			11	31
11			12	39
12			13	19
13	6.73Å 6.46Å **S13d**	S15d	Co(OAc)$_2$	25
14			11	微量（trace）
15			12	15
16			13	trace

表 6-2 以芳香腈（11a~d）和丙二胺为原料催化合成四氢嘧啶衍生物的产率

$$\text{Ar-CN} + \text{H}_2\text{N}\diagup\diagdown\text{NH}_2 \xrightarrow[\text{回流, 4h}]{\text{催化剂（10%）}\atop\text{甲苯}} \text{Ar}\diagup\!\!\!\begin{smallmatrix}\text{N}\\\text{HN}\end{smallmatrix}\!\!\!\diagdown$$

S13　　　　**S14'**　　　　　　　　　　**S16a~d**

S13a：Ar = 4-吡啶
S13b：Ar = Ph
S13c：Ar = 4-NCC$_6$H$_4$
S13d：Ar = 1-吡啶

序号	氰基芳香物	产物	催化剂	产率/%
1	5.37Å 4.30Å **S13a**	S16a	Co(OAc)$_2$	60
2			11	89
3			12	89
4			13	65
5	6.44Å 4.29Å **S13b**	S16b	Co(OAc)$_2$	47
6			11	49
7			12	81
8			13	40

续表

序号	氰基芳香物	产物	催化剂	产率/%
9	7.94Å / 4.29Å S13c	S16c	Co(OAc)₂	50
10			11	42
11			12	45
12			13	19
13	6.73Å / 6.46Å S13d	S16d	Co(OAc)₂	29
14			11	trace
15			12	12
16			13	trace

为了探究底物大小对反应最终产率的影响，课题组以尺寸更大的芳香腈 **S13c** 和 **S13d** 为原料，在配合物 **11~13** 的催化下进行了一系列试验（表6-1及表6-2中序号9~16）。结果显示，随着芳香腈体积的逐步增大，**11** 和 **12** 的催化效率明显下降（**S13a**>**S13b**>**S13c**>**S13d**）。特别是对于空间位阻很大的萘甲腈 **S13d**，在 **12** 的催化下只能得到很少的目标产物，而当 **11** 或 **13** 为催化剂时该反应根本无法发生。为了判断是芳香腈本身活性的差别而不是其大小的不同导致了其最终产率的变化，课题组进行试验，得到了均相催化剂醋酸钴对这一系列反应的催化效果。结果表明，**S13a~d** 的活性并不按上述顺序（即 **S13a**>**S13b**>**S13c**>**S13d**）降低。因此，就证明了反应底物的大小确实是 MOFs 催化反应中一个影响产率的重要因素。

从 **11~13** 的结构分析中来看，它们的孔道结构特点差异巨大。**11** 中含有大小约为 6Å×6Å 的一维孔道，**12** 中含有尺寸约为 15Å×8Å 的一维通道，而 **13** 不具有明显的孔道结构。从表6-1和表6-2中可知，配合物 **11~13** 的催化能力按 **12**>**11**>**13** 的顺序下降，而这刚好与它们内部孔道大小的缩小趋势相一致。因此，推测晶体内部孔道的大小同样是决定这类 MOFs 催化反应产率的一个主要因素。

配合物 **12** 的孔径分布试验（PSDs）证明该晶体内部孔道大小主要分布在 15Å 上下。**12** 中这些孔道有助于反应底物和产品自由进出晶体内部，并且提供了必要的空间供反应物和中间体与金属活性位点相接触。此外，配合物 **11** 和 **12** 是超分子异构体，它们具有相同的次级结构单元（SBUs）和有机配体，但它们的框架结构却有着显著的差异。因此，**11** 和 **12** 消除了中心金属和有机配体不同对催化性能的干扰，提供了一个理想的平台来专注地探究孔道尺寸等 MOFs 结构特点对其催化性能的影响。

在表 6-1 和表 6-2 的序号 2 和 3 中，发现对于底物 **S13a**，**11** 和 **12** 均为有效的催化剂，且能得到近似的产率。然而，随着底物尺寸的增加，配合物 **11** 的催化性能急剧下降，远远快于配合物 **12**。特别是对于 **S13d**，它大小约为 6.73Å×6.46Å，**11** 完全不能催化其与二胺进行反应，而 **12** 可以催化得到产率为 15% 的 **S15d**（6.61Å×7.76Å）和 **S16d**（6.64Å×8.16Å）。由于 **11** 和 **12** 具有相同的结构单元和化学组成，它们对 **S13d** 的催化性能的差异应该归因于其内部空腔大小的不同。与 **11** 相比，**12** 的内部具有更大的空腔，允许体积较大的底物进入晶体内部参与反应。因此，晶体内部的孔道结构对于这类 MOFs 催化剂的催化性能有明显的影响。

为了进一步确定反应发生在晶体内部，大小为 0.3mm×0.25mm×0.2mm 的大块晶体 **12** 在未经研碎搅拌的情况下用来催化上述反应。以 **S13a** 和丙二胺为原料，在与上述试验相同的条件下，得到了 50% 的产率，目标产物为 **S15a**。离心、过滤后对母液进行原子吸收光谱分析（AAS），发现残留的钴离子含量小于百万分之一（1ppm），因此晶体 **12** 应当属于非均相催化剂。

图 6-11 为推测的 Co—MOFs 催化的 2-咪唑啉合成的反应机理。芳香腈首先会与 MOFs 催化剂中的活性金属位点接触，从而活化生成Ⅰ。随后二胺上的带有孤电子对的 N 原子进攻Ⅰ生成Ⅱ。Ⅱ经分子内重排，环合生成最终产物。此外，**11** 和 **12** 的配位环境同样影响它们的催化性能。参与配位的水分子在催化反应过程中可以离去，从而露出具有活性的金属位点，因此具有良好的催化活性。

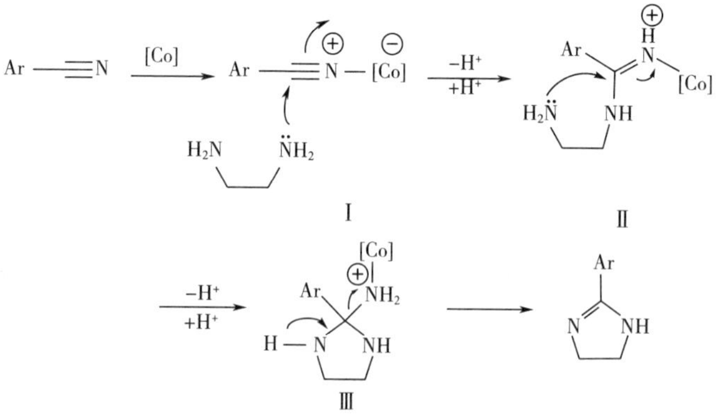

图 6-11　Co—MOFs 催化的 2-咪唑啉的合成机理

循环试验表明，**12** 在仅仅经过简单的离心、过滤、洗涤的情况下可以重复使用至少四次以上而不见其催化能力有明显减弱（图6-12）。相比于以往报道的催化剂，如 La（OTf）$_3$、CuCl、硫单质、二硫化碳和硫化氢，**12** 作为非均相催化剂表现出了很好的可循环使用性、环境友好性及对反应物和产物的空间位阻选择性。

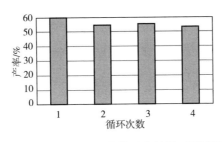

图 6-12　配合物 **12** 催化反应的循环测试图

6.4　本章小结

在本章，分别测试了 Co—MOFs（**11~13**）对 2-咪唑啉和四氢嘧啶衍生物的合成的催化能力。试验结果表明，配合物 **12** 相对于其他 MOFs 催化剂和金属催化剂，显示出了非常优越的催化性能。配合物 **12** 在 2-咪唑啉、四氢嘧啶衍生物的合成反应中也显示出了很好的催化能力，得到了高产率的产品。通过分析其结构与催化性能间的联系发现，它们优秀的催化能力应归功于其含有较大的孔道和特殊的孔道表面。循环试验也证明了这类催化剂可以重复试验数次而不见催化能力有明显下降。

参考文献

[1] WANG X, ZHANG X, LI P, et al. Vanadium catalyst on isostructural transition metal, lanthanide, and actinide based metal-organic frameworks for alcohol oxidation [J]. Journal of the American Chemical Society, 2019, 141: 8306-8314.

[2] WANG X, ZHANG X, PANDHARKAR R, et al. Insights into the structure-activity relationships in metal-organic framework-supported nickel catalysts for ethylene hydrogenation [J]. ACS Catalysis, 2020, 10: 8995-9005.

[3] LI Z, PETERS A W, BERNALES V, et al. Metal-organic framework supported cobalt catalysts for the oxidative dehydrogenation of propane at low temperature [J]. ACS Central Science, 2017, 3: 31-38.

[4] TRICKETT C A, OSBORN POPP T M, SU J, et al. Identification of the strong Brønsted acid site in a metal-organic framework solid acid catalyst [J]. Nature Chemistry, 2019, 11: 170-176.

[5] FERNÁNDEZ-MORALES J M, LOZANO L A, CASTILLEJOS-LÓPEZ E, et al. Direct sulfation of a Zr-based metal-organic framework to attain strong acid catalysts [J]. Microporous and Mesoporous Materials, 2019, 290: 109686.

[6] NGUYEN L H T, NGUYEN H L, DOAN T L H, et al. A new superacid hafnium-based metal-organic framework as a highly active heterogeneous catalyst for the synthesis of benzoxazoles under solvent-free conditions [J]. Catalysis Science & Technology, 2017, 7: 4346-4350.

[7] OTAKE K, YE J, MANDAL M, et al. Enhanced activity of heterogeneous Pd (II) catalysts on acid-functionalized metal-organic frameworks [J]. ACS Catalysis, 2019, 9: 5383-5390.

[8] LIU J, YE J, LI Z, et al. Beyond the active site: tuning the activity and selectivity of a metal-organic framework-supported Ni catalyst for ethylene dimerization [J]. Journal of the American Chemical Society, 2018, 140: 11174-11178.

[9] LIU J, LI Z, ZHANG X, et al. Introducing nonstructural ligands to zirconia-like metal-organic framework nodes to tune the activity of node-supported nickel catalysts for ethylene hydrogenation [J]. ACS Catalysis, 2019, 9: 3198-3207.

[10] LEE J S, KAPUSTIN E A, PEI X, et al. Architectural stabilization of a gold (III) catalyst in metal-organic frameworks [J]. Chem, 2020, 6: 142-152.

[11] CHOI K M, NA K, SOMORJAI G A, et al. Chemical environment control and enhanced catalytic performance of platinum nanoparticles embedded in nanocrystalline metal-organic frameworks [J]. Journal of the American Chemical Society, 2015, 137: 7810-7816.

[12] LI X, GOH T W, LI L, et al. Controlling catalytic properties of Pd nanoclusters

through their chemical environment at the atomic level using isoreticular metal-organic frameworks [J]. ACS Catalysis, 2016, 6: 3461-3468.

[13] MONDLOCH J E, KATZ M J, ISLEY III W C, et al. Destruction of chemical warfare agents using metal-organic frameworks [J]. Nature Materials, 2015, 14: 512-516.

[14] ISLAMOGLU T, ORTUÑO M A, PROUSSALOGLOU E, et al. Presence versus proximity: the role of pendant amines in the catalytic hydrolysis of a nerve agent simulant [J]. Angewandte Chemie International Edition, 2018, 57: 1949-1953.

[15] KALAJ M, MOMENI M R, BENTZ K C, et al. Halogen bonding in UiO-66 frameworks promotes superior chemical warfare agent simulant degradation [J]. Chemical Communications, 2019, 55: 3481-3484.

[16] LUO H B, CASTRO A J, WASSON M C, et al. Rapid, biomimetic degradation of a nerve agent simulant by incorporating imidazole bases into a metal-organic framework [J]. ACS Catalysis, 2021, 11: 1424-1429.

[17] BOBBITT N S, MENDONCA M L, HOWARTH A J, et al. Metal-organic frameworks for the removal of toxic industrial chemicals and chemical warfare agents [J]. Chemical Society Reviews, 2017, 46: 3357-3385.

第7章

Cu^{II}—MOFs可逆结构转变调控催化氰基反应

7.1 引言

  融合刺激控制性能的人工催化剂开关可以提供类似生命体中的刺激控制化学转化的过程,使其广泛应用于高分子化学的合成、对映体的选择性分离、天然药物的合成等方面[1-6]。在人工催化剂开关中,选择性地调控化学转化开与关,可以形成与催化酶相似的性能,从而避开其他反应所形成的不必要干扰[7-11]。尽管人工可切换催化剂通常可以在"开"或"关"状态下触发,以执行合成中极难或不可能以其他方式实现化学、区域、大小、形状和立体选择性的反应,但大多人工可切换催化剂在循环时的不稳定性是不可避免的,限制了其工业应用[2-4,12-15]。为了解决这个难题,把催化活性中心均匀地固定到可逆的结构转变材料上,阻止多分子聚合引起的催化性能降低,从而获得更好的催化效果[13,16-17]。

  金属有机框架(MOFs)正是一类具有大的比表面积,固定的、易于接近的催化活性中心,可以从分子层面对催化剂的性能进行预判,在催化转化有机反应中显示出巨大的潜力[18-21]。MOFs通过直接合成或后合成修饰的统计,可以作为单点或协同催化剂,实现化学和区域选择性,并且通过单晶到单晶的途径,可以实现结构和拓扑连接不发生变化的可逆结构转换,使其特别适合构建分子器件(如开关或传感材料)[22-24]。但是基于MOFs催化对活性中心的配位构型、孔洞的大小以及框架的电负性等特性具有固定的要求,单晶到单晶结构转变的途径很难满足这样的要求[25-27]。与此同时,溶解—交换—结晶是另一个重要但困难的途径实现可逆的结构转变,由于金属离子和配体之间的连接方式在溶解—结晶的过程中很难控制再恢复原状[28-29]。在溶解—交换—结晶的过程中结构的可逆转变类似酶在分子结构刺激控制的传输过程,为人工催化化学提供了直接的催化机制和丰富的应用前景[30-34]。尽管基于 MOFs 的催化剂和结构的转变已经有报道,但是分子层次的 MOFs 催化剂开关的研究仍处于新的、刚起步阶段,基于 MOFs 人工催化剂开关的催化性能在合理的合成策略下是可以预见的。

因此,在本项目的研究中,展示了依靠溶剂诱导 MOFs 材料的可逆的溶解—交换—结晶过程,构筑了人工催化剂开关,通过不同的反应途径选择性地执行直接氰基化反应。在溶剂诱导下,3D 分等级的阴离子框架 MOF-14 和 2D 中性框架 MOF-15 发生肉眼可见的可逆的结构转变过程,并且转变前后的结构通过单晶 X 射线衍射(SCXRD)、元素分析(EA)、粉末 X 射线衍射(PXRD)、X 射线光电子能谱(XPS)等一系列表征所证实。进一步的催化试验表明,MOF-14 和 MOF-15 可逆的结构转化,高选择性的催化端基炔和偶氮二异丁腈(AIBN)的直接氰化反应,分别形成乙烯基异丁腈框架和丙炔腈框架。

7.2 试验内容

7.2.1 配合物 $\{(H_3O)[Cu(CPCDC)(4,4'-bpy)]\}_n$ (14)的合成与表征

将 $Cu(NO_3)_2 \cdot 3H_2O$(0.048g,0.2mmol)、9-(4-羧基苯基)-9H-咔唑-3,6-二羧酸(H_3CPCDC,0.037g,0.1mmol)、4,4'-联吡啶(4,4'-bpy,0.015g,0.1mmol)、DMF(3mL)、水(2mL)和 HNO_3(3滴)混合在 10mL 的小瓶内,密封并加热到 85℃保持 24h。得到蓝色的晶体 **14**,产率为 80%[基于 Cu(%)计算]。

7.2.2 配合物 $\{[Cu(CPCDC)(4,4'-bpe)]\}_n$ (15)的合成与表征

将新制备的蓝色晶体 **14** 放置到含有 1,2-二(4-吡啶基)乙烯(4,4'-bpe,0.1mmol)的 DMF(3mL)、水(2mL)和 HNO_3(3滴)混合溶液中。5min 后,蓝色的晶体完全溶解,小瓶里面溶液由无色变成蓝色,随后,把该小瓶静置在室温 36h 左右,获得黄绿色的晶体 **15**。

7.2.3 配合物{(H₃O)[Cu(CPCDC)(4,4′-bpy)]}ₙ（14a）的合成与表征

将新制备的黄绿色晶体 **15** 放置到含有 4,4′-联吡啶（4,4′-bpy，0.015 g，0.1mmol）、DMF（3mL）、水（2mL）和 HNO_3（3滴）的混合溶液中。5min 后，蓝色的晶体完全溶解，小瓶里面溶液由无色变成蓝色，随后，把该小瓶密封并加热到85℃保持24h左右，获得蓝色的晶体 **14a**。

7.2.4 配合物 14 和 15 作为催化剂直接实现氰基反应及表征

分别将 MOFs 催化剂 **14** 和 **15**（0.05mmol）、端基炔（**S17a~e**，1.0mmol）、偶氮二异丁腈（**S18**，AIBN，2.0mmol）混合在乙腈（10mL）中，加热到90℃，通过薄层色谱法（TLC）监控发现，8h 后原料基本反应完全。随后，该混合体系冷却到室温，并用乙酸乙酯（EA）稀释，离心，萃取（水，3×10mL）。合并有机相，无水硫酸钠干燥，并在减压条件下浓缩，利用硅胶柱层析法分离提纯产品，分别得到乙烯基异丁腈框架（**S19a~e**）和丙炔腈框架（**S20a~e**）。

7.3 试验结果与讨论

7.3.1 Cu^{II}—MOFs 可逆结构转变的分析及表征

为了设计具有可控的催化活性和选择性的人工催化剂开关，合成了一个 Y 型且刚性的咔唑羧酸配体 9-（4-羧基苯基）-9H-咔唑-3,6-二羧酸（H_3CPCDC，图 7-1），它作为形状预构筑支撑框架可以形成高度有序的层状结构。随后，该高度有序的层状单元可以被合适的联吡啶配体连接，形成易于接近的孔隙、原子固定且开放的孔洞及易于加工等特点分等级的柱状结构的 MOFs 材料。为了利用该原则，$Cu(NO_3)_2$ 和 H_3CPCDC 直接反应形成高度有序的 2D 层状结构，该层状结构作为预先设计的模型，可以通过 Cu 离子和 4,4′-bpy 配体的配位作用继续组装形成分等级的 Cu—MOFs。事实上，在存在 4,4′-bpy 配体时，反应物 $Cu(NO_3)_2$ 和 H_3CPCDC 配体提供蓝色的晶体 **14**，其中 $[H_3O]^+$ 质子作为平衡电荷存在于阴离子框架内部（图 7-2）。

第7章 Cu^{II}—MOFs 可逆结构转变调控催化氰基反应

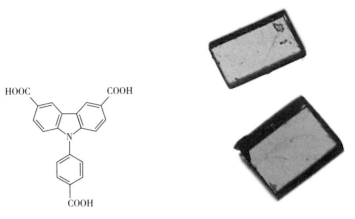

图 7-1 配体 H$_3$CPCDC 的结构式　　图 7-2 获得配合物 **14** 的单颗晶体

14 分子式通过 SCXRD、热重分析、XPS、EA 和电荷平衡所决定。SCXRD 分析显示，**14** 是三斜晶系，P-1 空间群，并且存在开放的柱状孔道（图 7-3）。XPS 分析测试进一步证明，**14** 中铜离子中心的价态是二价的。XPS 光谱分析显示，铜的 2p$^{3/2}$ 的峰值是 934.68eV，表明在 **14** 中只存在二价铜的价态[35-36]。

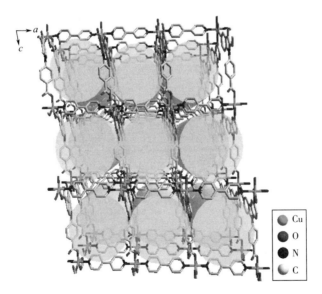

图 7-3 **14** 的 3D 分等级结构图

14 的不对称单元包含一个 Cu^{II} 离子、一个 4,4′-联吡啶（4,4′-bpy）配体和一个 CPCDC^{3-} 配体（图 7-4），其中来自 4,4′-bpy 配体的两个 N 原子（N2 和 N3）和来自 CPCDC^{3-} 配体的三个 O 原子（O1、O4 和 O5）与 Cu1 离子相连，形

成一个五配位的模型。H_3CPCDC 配体的三个羧基完全去质子（图 7-4），并且采取单齿桥连的配位模式连接 Cu^{II} 离子，构建了一个 2D 层状单元，包含一个由 42 个原子组成的大环孔洞，其大小接近 11Å（考虑范德瓦耳斯半径，图 7-5）。这

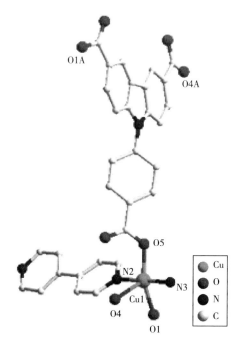

图 7-4　14 的不对称单元（氢原子忽略）

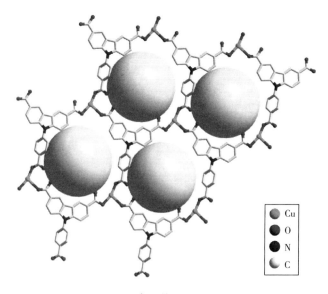

图 7-5　$CPCDC^{3-}$ 配体构筑 2D 层状单元

个 2D 层状单元中的 Cu^{II} 离子与 4,4′-bpy 配体的两个 N 原子之间通过配位键的作用，形成了分等级的柱状结构。在这个 3D 结构中，由六个 Cu^{II} 离子、三个 4,4′-bpy 配体和两个 $CPCDC^{3-}$ 配体形成了 $[Cu_6(CPCDC)_2(4,4′-bpy)_3]^{6-}$ 笼状结构，其笼子大小为 11Å（考虑范德瓦耳斯半径，图 7-6）。随后，彼此相邻的笼子相互连接形成了 3D 分等级阴离子框架，其孔洞大小为（15.35×11.08Å^2，考虑范德瓦耳斯半径，图 7-7）。

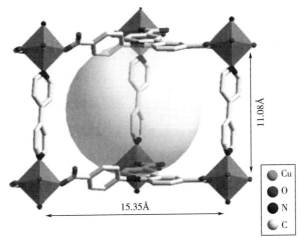

图 7-6　$[Cu_6(CPCDC)_2(4,4′-bpy)_3]^{6-}$ 笼状结构

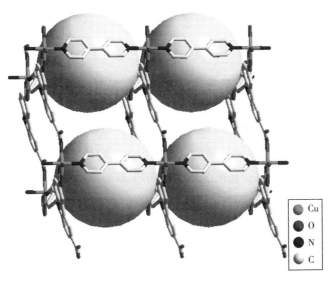

图 7-7　彼此相邻的笼子相互连接形成了 3D 分等级阴离子框架

试验的目的是研究分等级的阴离子框架 Cu—MOF-14 在溶剂的诱导下，经溶解—交换—结晶过程，实现可逆的结构转变，从而获得人工催化剂开关。当新制备的蓝色晶体 14 浸泡到含有 1,2-二（4-吡啶基）乙烯（4,4′-bpe）（0.1mmol）、3mL DMF、2mL 水和 3 滴（HNO_3）的溶液中。室温下保持 5min 后，蓝色的晶体 14 迅速溶解，溶液由无色变成蓝色，随后，该蓝色溶液室温下静置 36h 左右，黄绿色的晶体 15 从该溶液结晶出（图 7-8）。

图 7-8 蓝色晶体 14 经溶解—交换—结晶过程转变为黄绿色晶体 15

XPS、SCXRD、PXRD 和热重分析（TGA）等测试手段用来研究黄绿色的晶体 15 的结构。XPS 测试分析显示，Cu $2p^{3/2}$ 的峰位置在 934.5eV，说明黄绿色的晶体中只有 Cu^{II} 离子存在[35-36]。SCXRD 测试分析显示，黄绿色晶体形成了 2D 梯状结构的新结晶相，其分子式为 [Cu(HCPCDC)(4,4′-bpe)]$_n$（15）（图 7-9），从蓝色的晶体 14 转变到黄绿色的晶体 15 经历了溶解—交换—结晶过程。

不同于 14，15 是单斜晶系，空间群是 $C2/c$ 并且包含了一个 13.71Å×13.80Å（考虑范德瓦耳斯半径）的开放孔道（图 7-10）。15 的不对称单元包含一个 Cu^{II} 离子、一个 $HCPCDC^{2-}$ 和两个 4,4′-bpe 配体，Cu1 与 $HCPCDC^{2-}$ 配体中三个 O 原子（O1、O2 和 O5）和 4,4′-bpe 配体的两个 N 原子（N2 和 N3）之间形成一个稍微扭曲的三角双锥配位构型［图 7-11（a）］。9-（4-羧基苯基）-9H-咔唑-3,6-二羧酸（H_3CPCDC）配体中，只有两个羧基是去质子的，并且采取螯合和单齿桥连两

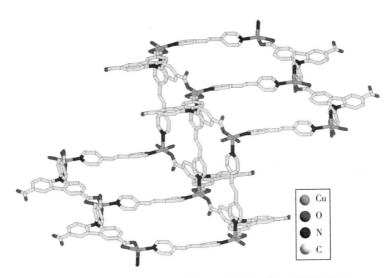

图 7-9　**15** 显示的 2D 梯状结构（为清晰表现，氢原子忽略）

种配位模型与 Cu^{II} 离子相连接，形成 1D 链状结构 [图 7-11（b）]。该 1D 链进一步与 4,4′-bpe 配体中的 N 原子形成配位键，构筑 2D 梯状结构的 **15**。

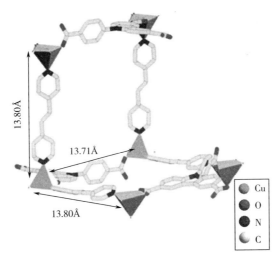

图 7-10　**15** 中的开放孔道（13.71Å×13.80Å，考虑范德瓦耳斯半径）

显著地，3D 分等级阴离子框架 **14** 和中性梯状框架 **15** 之间的结构转化是可逆的。新制备的晶体 **15** 浸入含有 0.1mmol 4,4′-bpy、3mL DMF、2mL 水和 3 滴 HNO_3 溶液中，室温下保持 5min 后，黄绿色的晶体 **15** 迅速溶解，形成蓝色的溶液。当把该蓝色溶液加热到 85℃保持 24h 后，新的蓝色晶体从溶液中结晶出来

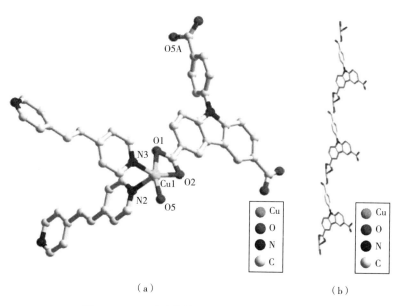

图7-11 15不对称单元和15中的1D链结构

(图7-12)。单晶X射线衍射(SCXRD)测试分析显示,**14a**是P-1空间群,晶胞参数和**14**几乎完全一样。相应地,Cu $2p^{3/2}$和O 1s的XPS测试分析证明,Cu^{II}和羧酸根的配位模式在结构转变后和**14**完全一样。PXRD分析测试显示,蓝色晶体**14a**与**14**和模拟的是完全一样的,进一步说明**14a**和**14**具有相同的内部结构。因此,结合SCXRD、EA、TGA、XPS及电荷平衡的考虑,**14a**的分子式为$\{(H_3O)[Cu(CPCDC)(4,4'-bpy)]\}_n$(图7-13)。

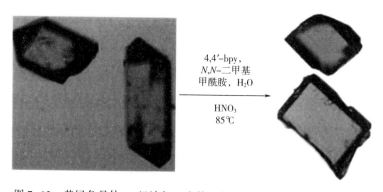

图7-12 黄绿色晶体**15**经溶解—交换—结晶过程转变为蓝色晶体**14a**

值得注意的是,新结晶出的蓝色晶体**14a**再次放置到4,4'-bpe的溶液中时,蓝色的溶液迅速形成,静置36h后黄绿色的晶体**15**经溶解—交换—结晶的过程,

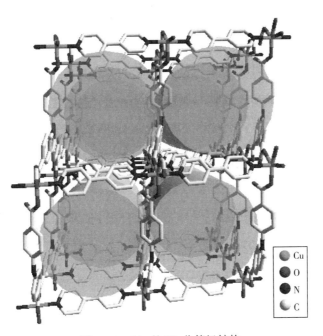

图 7-13　**14a** 的 3D 分等级结构

重新从溶液中结晶出来。XPS 测试分析证明，Cu^{II} 和羧酸根的配位模式在结构转变后和 **15** 完全一样（图 7-13）。晶胞参数和 PXRD 测试结果显示，**15** 和 **15a** 保持完全一样的框架结构。3D 分等级阴离子框架 **14** 和 **14a** 及中性梯状框架 **15** 和 **15a** 之间是完全可逆的溶解—交换—结晶过程。虽然 MOFs 材料的重结晶过程已有报道，但是经溶解—交换—结晶过程，实现 MOFs 框架电负性的可逆转变过程还没有报道。依靠溶解—交换—结晶过程，**14** 和 **15** 是第一例展示出 MOFs 框架电负性的可逆转变行为。

7.3.2　Cu^{II}—MOFs 调控催化氰基反应

利用无毒安全的偶氮二异丁腈（AIBN）提供氰基源制备高附加值的氰基化合物是化学工业和环境所需要的一种重要方法[37]。然而，偶氮二异丁腈（AIBN）在加热的过程中可以产生 CN 自由基和异丁腈自由基，当它和端炔基反应时，很难实现直接的区域选择性，分别得到单一的丙炔腈框架和乙烯基异丁腈框架[38]。为了能更广泛地应用该反应，利用基于 MOFs 在非均相催化中高选择性的特点，引入人工刺激控制的分子催化剂平台，动态的刺激控制驱动装置，设计人工催化剂开发，实现人工刺激控制的分子催化剂催化端炔基和偶氮二异丁腈（AIBN）的直接氰基化反应，形成唯一的丙炔腈框架和乙烯基异丁腈框架。

14 和 15 在 1,4-二氧杂环己烷（dioxane）、乙醇（EtOH）、乙腈（CH₃CN）、二甲基甲酰胺（DMF）、甲苯（toluene）、三氯甲烷（CHCl₃）和二氯甲烷（DCM）溶剂中的稳定性首先被检测，发现 14 和 15 在这些煮沸的溶剂中保持 48h 后，它们的晶胞参数和 PXRD 保持不变，说明 14 和 15 具有很好的稳定性。

为了得到最佳反应条件，苯乙炔（phenylacetylene）（S19a）和 AIBN（S18）被用来作为反应底物，探讨人工催化剂开关 14 和 15 的催化性能（表 7-1）。经过广泛的筛选溶剂、气氛和稳定性，课题组发现 5%（摩尔分数）的 14 和 15 分别作为催化剂时，空气气氛下，温度 90℃，目标产物乙烯基异丁腈（S19a，vinyl isobutyronitrile）和丙炔腈（S20a，propiolonitrile）的产率分别是 95%和 94%。相比于 14 和 15 作为催化剂时显示出卓越的催化选择性而言，均相催化剂 Cu(NO₃)₂ 在相同的条件下只能提供 S19a 和 S20a 的混合物，并且产率分别是 S19a（21%）、S20a（31%）（表 7-1 中序号 10）。在惰性气氛下（N₂ 和 Ar），只有一些目标产物可以获得，且产率低于 10%（表 7-1 中序号 8 和 9）。在乙醇（EtOH）（S19a，32%；S20a，43%）和甲苯（S19a，37%；S20a，44%）作溶剂时，可以得到稳定的目标产物（表 7-1 中序号 2~5），然而，二氧六环、二甲基甲酰胺和三氯甲烷作溶剂时，没有目标产物生成。当温度从 25℃升至 90℃时，目标产物 S19a 和 S20a 的产率明显提高，由于 AIBN 产生 CN 自由基和异丁腈自由基需要高的温度。因此，从催化剂的稳定性、催化效果、选择性和环境的友好性出发，确定 14 或 15/CH₃CN/90℃/空气作为标准条件，执行直接氰基化反应。

表 7-1　优化直接氰基化反应的最佳条件[a]

序号	催化剂	溶剂	气氛	温度/℃	产率[b]/%	
					S19a	S20a
1	14	二氧六环	空气	90	n. o.[c]	n. o.

续表

序号	催化剂	溶剂	气氛	温度/℃	产率^b/%	
					S19a	S20a
2	14	EtOH	空气	90	91	n.o.
3	14	CH_3CN	空气	90	95	94
4	14	DMF	空气	90	n.o.	n.o.
5	14	甲苯	空气	90	37	44
6	14	$CHCl_3$	空气	90	n.o.	n.o.
7	14	CH_3CN	空气	25	<10	<10
8	14	CH_3CN	N_2	90	<10	<10
9	14	CH_3CN	Ar	90	<10	<10
10	$Cu(NO_3)_2$	CH_3CN	空气	90	21	31

a 反应条件：**S17a**（1.0mmol），**S18**（1.5mmol），催化剂 14 或 15（0.05mmol），CH_3CN（10mL），90℃（8h）。

b 分离产率 8h 后。

c n.o. 表示没有获得。

随后，含有多种取代基的端基炔（**S17a~e**）经催化实验发现都适合该人工催化开关体系（表 7-2）。非均相催化剂 14 显示了卓越的催化选择性，产生乙烯基异丁腈框架作为唯一的产物，并且分离产率在 90%~95%（**S19a~e**）；与此同时，非均相催化剂 15 显示了高的催化活性，形成丙炔腈框架作为唯一的产物，并且分离产率在 88%~94%（**S20a~e**）。

进一步的研究表明，当苯环的对位含有吸电子基团的底物（**S17b** 和 **S17d**）和供电子基团（**S17c** 和 **S17e**）时，该催化体系仍然适用，并且催化选择性和产率没有明显下降（**S19b** 和 **S19d**，**S19c** 和 **S19e**）。此外，大尺寸的底物 4-乙炔联苯（4-biphenylacetylene，**S17e**）也能很好地适用该催化体系，形成唯一的产物且分离产率比较好（**S19e**，85%；**S20e**，82%），证明底物尺寸的增加只是减小了底物的扩散速率，并不改变催化体系的选择性。试验表明，当把反应底物（**S17a**）扩大到 10.0mmol 研究催化体系的普适性时，该人工催化开关体系仍然能提供好的催化选择性，并且 **S19a** 和 **S20a** 催化产率分别是 91% 和 90%。然而，在相同反应条件下，直接商业购买的均相催化剂 $Cu(NO_3)_2$，催化该反应时只能提供乙烯基异丁腈和丙炔腈的混合物；只有在比较苛刻的条件下（无氧、高压、贵金属和有毒氰基源等）才能提供乙烯基异丁腈作为唯一的产物，且分离产率比较低（45%~62%）。

表7-2 人工催化剂开关14和15催化直接氰基化反应形成乙烯基异丁腈和丙炔腈框架[a]

序号	催化剂	炔	S19a~e 产率[b]/%	S20a~e 产率[b]/%
1	**14**	S17a	95, 91[c]	—
2	**15**	S17a	—	94, 90[c]
3	Cu（NO$_3$）$_2$	S17a	24	21
4	**14**	S17b	95	—
5	**15**	S17b	—	94
6	Cu（NO$_3$）$_2$	S17b	22	20
7	**14**	S17c	94	—
8	**15**	S17c	—	93
9	Cu（NO$_3$）$_2$	S17c	21	20
10	**14**	S17d	93	—
11	**15**	S17d	—	90
12	Cu（NO$_3$）$_2$	S17d	18	17
13	**14**	S17e	85	—
14	**15**	S17e	—	82
15	Cu（NO$_3$）$_2$	S17e	15	13

a 反应条件：**S17a~e**（1.0mmol），**S18**（1.5mmol），催化剂**14**或**15**（0.05mmol），CH$_3$CN（10mL），90℃（8h）。

b 分离产率8h后。

c 反应条件：**S17a**（10.0mmol），**S18**（15.0mmol），催化剂**14**或**15**（0.5mmol），CH$_3$CN（30mL），90℃（8h）。

14 和 15 作为人工催化剂开关催化直接氰基化反应显示出不同的选择性，由于其内部结构不同，导致催化该反应时的反应路径完全不相同。14 和 15 的催化活性中心均匀地分布在它们的结构中，可逆的结构转变赋予了 14 和 15 能提供一个完美的平台稳定异丁腈自由基和 CN 自由基。单晶 X 射线衍射（SCXRD）分析显示，14 和 15 分别是分等级框架，它们的孔洞尺寸分别是 15.35Å×11.08Å 和 13.71Å×13.80Å，能提供适合底物和产物传输的通道。此外，14 是孔道中含有 $[H_3O]^+$ 质子的阴离子框架，它的框架中同时包含 $[Cu_6(CPCDC)_2(4,4'-bpy)_3]^{6-}$ 笼状结构，它们共同形成一个功能化的空间和质子传递的通道，从而能稳定异丁腈自由基，并且与端基炔反应形成乙烯基异丁腈框架。然而，15 是包含 $[Cu_4(HCPCDC)_2(4,4'-bpe)_2]$ 单元的中性框架，它不能稳定异丁腈自由基，造成异丁腈自由基继续分裂，最终形成稳定的 CN 自由基，并和端基炔进行反应，形成丙炔腈框架。

在人工催化剂开关 14 和 15 的催化体系下，为进一步阐明 AIBN 的转化过程，课题组利用 S17a 作为反应底物，采用一系列直观的实验验证 AIBN 的转化过程。首先，通过湿润的苦味酸试纸实验检测 CN 离子是否存在于 14 和 15 作为催化剂的催化体系。如图 7-14（a）所示，当用 14 作为催化剂，90℃反应 20min 后，湿润的苦味酸试纸的颜色没有发生改变，然而，在相同的条件下，用 15 作为催化剂时，湿润的苦味酸试纸颜色由淡黄色变成玫瑰红色。实验结果显示，15 作为催化剂时，AIBN 分裂形成 CN 自由基，并且与 S17a 反应形成丙炔腈 S20a。进一步的实验发现，当用 GC-MS 监测反应过程时，存在催化剂 14 的情况下，异丁腈片段被发现，说明 14 具有稳定异丁腈自由基的能力。然而，相同条件下，用 15 作为催化剂时，只有丙酮分子被检测到，说明异丁腈自由基被继续氧化分裂形成 CN 自由基。进一步的试验发现，当存在四甲基哌啶氧化物（TEMPO），无论 14 还是 15 作为催化剂，直接氰基化反应完全被抑制，说明该反应体系是一个自由基过程。

基于以上实验结果，在 14 和 15 分别作为催化剂时，它们涉及的催化反应机理被推测（图 7-15）。加热该催化体系，AIBN 受热分解形成异丁腈自由基 Ⅰ，可以被 14 作为催化剂中的 $[Cu_6(CPCDC)_2(4,4'-bpy)_3]^{6-}$ 笼子稳定；与此同时，端基炔插入活性中心 Cu 位点，形成中间体 Ⅲ；随后 Ⅲ 经历一个质子化的过程，形成 Ⅳ；最后，Ⅳ 给出质子，产生目标产物 S19a~e。相反，当用 15 作为催化剂时，异丁腈自由基 Ⅰ 不能被中性框架 15 所稳定，将继续被空气中的氧气氧化形成 CN 自由基（Ⅱ），并且释放副产物丙酮分子。同时，端基炔插入活性中心 Cu 位点，形成炔铜中间体Ⅴ；Ⅴ经历单电子转移过程形成Ⅵ；最后，Ⅵ经历消除反应提供目标产物 **S20a~e**，并释放催化剂。

图 7-14　**14** 作为催化剂检测 CN 离子（a）和 MOF-15 作为催化剂检测 CN 离子（b）

此外，为进一步证明人工催化剂 **14** 和 **15** 的催化反应时的元素变化过程，课题组以 **S17b** 作为底物，进行映射图像（mapping）试验。在不同的反应时间（0、4h 和 8h），映射图像清晰地展示了 C、O、N、Cu 和 F 元素的变化过程，其中 F 元素来自底物 **S17b**（图 7-16 和图 7-17）。同时，为了进一步研究催化反应时，催化剂的微环境改变对人工催化剂开关 **14** 和 **15** 的活性中心的影响，用 XPS 监控不同时间活性中心的变化过程（0、4h 和 8h）。XPS 分析测试显示，**14** 和 **15** 在催化过程中 Cu 的价态始终是二价，保障了直接氰基化反应的顺利进行。

人工催化剂 **14** 和 **15** 的非均相特性首先经电感耦合等离子光谱法（ICP-AES）检测，显示反应结束后滤液中铜的含量分别是 0.81mg/kg 和 0.78mg/kg。其次，执行过滤试验证明催化剂未发生损失。在 **14** 和 **15** 分别存在的情况下，1h 中一下异丁腈和丙炔腈的转化率是 21% 和 19%，随后，该反应通过一个砂芯漏斗把催化剂移除，滤液又进行了 7h 的反应。在这个过程中发现滤液中的转化率没有发生任何改变。因此，这些实验证明了 **14** 和 **15** 是真正的非均相催化剂。

为了评估固体催化的稳定性，用 **S17a** 同样检测 **14** 和 **15** 在催化反应中的循环实验和重复利用性。在完全反应后，通过简单的离心操作催化剂可以容易地恢复，并且 10 轮试验后，恢复后的催化剂催化产率只稍微损失（图 7-18 和 7-19）。

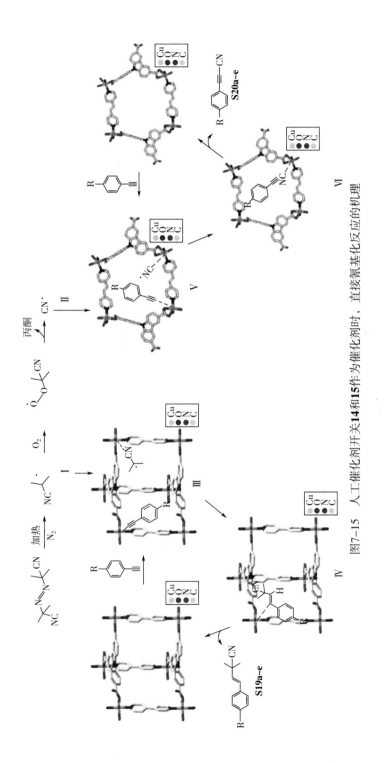

图7-15 人工催化剂开关14和15作为催化剂时，直接氰基化反应的机理

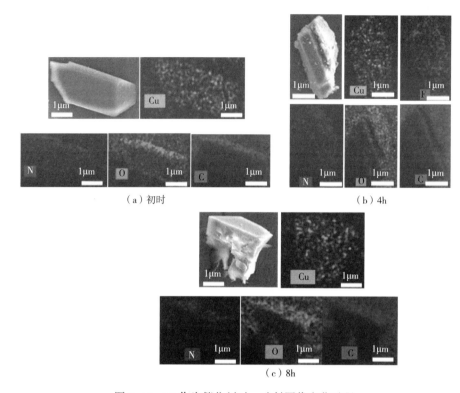

图7-16　14作为催化剂时，映射图像变化过程

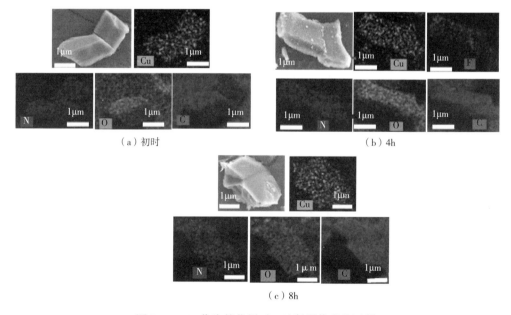

图7-17　15作为催化剂时，映射图像变化过程

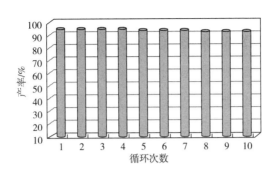

图 7-18　**14** 作为催化剂时 10 轮催化循环实验的产率变化情况

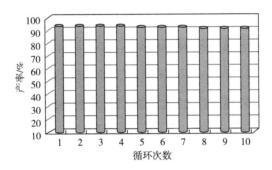

图 7-19　**15** 作为催化剂时 10 轮催化循环实验的产率变化情况

7.4　本章小结

本研究中课题组报道了动态控制溶解—交换—结晶的过程，实现可逆的结构转变作为人工催化剂开关。可视觉观察的人工分子开关，3D 分等级阴离子框架 **14** 和中性 2D 梯状框架 **15** 之间实现了可逆结构转变。可逆的结构转变赋予了 **14** 和 **15** 卓越的、高的区域选择性实现直接氰基化反应，制备单一的乙烯基异丁腈框架和丙炔腈框架。实验结果显示，**14** 和 **15** 作为高效的人工催化剂开关是由于它们独特的结构特点决定，它们可以分别稳定异丁腈自由基和 CN 自由基，通过不同的反应路径实现区域选择性催化。本研究中 **14** 和 **15** 之间可逆的结构不仅是从视觉上揭示直接氰基化反应的机制，而且为设计合成人工催化开关体系，为研究结构—性能之间的变化，提供了最重要的理论支持。

参考文献

[1] PETERS A W, LI Z, FARHA O K, et al. Atomically precise growth of catalytically active cobalt sulfide on flat surfaces and within a metal-organic framework via atomic layer deposition [J]. ACS Nano, 2015, 9: 8484-8490.

[2] CHOI H, PETERS A W, NOH H, et al. Vapor-phase fabrication and condensed-phase application of a MOF-node-supported iron thiolate photocatalyst for nitrate conversion to ammonium [J]. ACS Applied Energy Materials, 2019, 2: 8695-8700.

[3] NOH H, YANG Y, AHN S, et al. Molybdenum sulfide within a metal-organic framework for photocatalytic hydrogen evolution from water [J]. Journal of The Electrochemical Society, 2019, 166: H3154.

[4] XU H Q, YANG S, MA X, et al. Unveiling charge-separation dynamics in CdS/metal-organic framework composites for enhanced photocatalysis [J]. ACS Catalysis, 2018, 8: 11615-11621.

[5] CHEN Y, LI P, ZHOU J, et al. Integration of enzymes and photosensitizers in a hierarchical mesoporous metal-organic framework for light-driven CO_2 reduction [J]. Journal of the American Chemical Society, 2020, 142: 1768-1773.

[6] GUO X, GENG S, ZHUO M, et al. The utility of the template effect in metal-organic frameworks [J]. Coordination Chemistry Reviews, 2019, 391: 44-68.

[7] ZHOU C, LI A, WANG D, et al. MOF-templated self-polymerization of p-phenylenediamine to a polymer with a hollow box-assembled spherical structure [J]. Chemical Communications, 2019, 55: 4071-4074.

[8] MOCHIZUKI S, KITAO T, UEMURA T. Controlled polymerizations using metal-organic frameworks [J]. Chemical Communications, 2018, 54: 11843-11856.

[9] CHEN L, JIANG Y, HUO H, et al. Metal-organic framework-based composite Ni@MOF as Heterogenous catalyst for ethylene trimerization [J]. Applied Catalysis A: General, 2020, 594: 117457.

[10] DERIA P, GÓMEZ-GUALDRÓN D A, HOD I, et al. Framework-topology-dependent catalytic activity of zirconium-based (porphinato) zinc (Ⅱ) MOFs

[J]. Journal of the American Chemical Society, 2016, 138: 14449-14457.

[11] YUAN J, FRACAROLI A M, KLEMPERER W G. Convergent synthesis of a metal-organic framework supported olefin metathesis catalyst [J]. Organometallics, 2016, 35: 2149-2155.

[12] DENG H, GRUNDER S, CORDOVA K E, et al. Large-pore apertures in a series of metal-organic frameworks [J]. Science, 2012, 336: 1018-1023.

[13] HUXLEY M T, BURGUN A, GHODRATI H, et al. Protecting-group-free site-selective reactions in a metal-organic framework reaction vessel [J]. Journal of the American Chemical Society, 2018, 140: 6416-6425.

[14] BAUER G, ONGARI D, TIANA D, et al. Metal-organic frameworks as kinetic modulators for branched selectivity in hydroformylation [J]. Nature Communications, 2020, 11: 1059.

[15] MANNA K, JI P, LIN Z, et al. Chemoselective single-site Earth-abundant metal catalysts at metal-organic framework nodes [J]. Nature Communications, 2016, 7: 12610.

[16] XIAO D J, OKTAWIEC J, MILNER P J, et al. Pore environment effects on catalytic cyclohexane oxidation in expanded Fe_2(dobdc) analogues [J]. Journal of the American Chemical Society, 2016, 138: 14371-14379.

[17] BAUER G, ONGARI D, XU X, et al. Metal-organic frameworks invert molecular reactivity: Lewis acidic phosphonium zwitterions catalyze the aldol-tishchenko reaction [J]. Journal of the American Chemical Society, 2017, 139: 18166-18169.

[18] GAO K, HUANG C, QIAO Y, et al. Coordination-induced N-H bond splitting of ammonia and primary amine of Cu^I-MOFs [J]. Chemistry-A European Journal, 2021, 27: 9499-9502.

[19] ZHANG X, HUANG Z, FERRANDON M, et al. Catalytic chemoselective functionalization of methane in a metal-organic framework [J]. Nature Catalysis, 2018, 1: 356-362.

[20] AHN S, NAUERT S L, BURU C T, et al. Pushing the limits on metal-organic frameworks as a catalyst support: NU-1000 supported tungsten catalysts for oxylene isomerization and disproportionation [J]. Journal of the American Chemical Society, 2018, 140: 8535-8543.

[21] SHARIFZADEH Z, BERIJANI K, MORSALI A. Chiral metal-organic frameworks based on asymmetric synthetic strategies and applications [J]. Coordination Chemistry Reviews, 2021, 445: 214083.

[22] XUAN W, YE C, ZHANG M, et al. A chiral porous metallosalan-organic framework containing titanium-oxo clusters for enantioselective catalytic sulfoxidation [J]. Chemical Science, 2013, 4: 3154-3159.

[23] BANERJEE M, DAS S, YOON M, et al. Postsynthetic modification switches an achiral framework to catalytically active homochiral metal-organic porous materials [J]. Journal of the American Chemical Society, 2009, 131: 7524-7525.

[24] NGUYEN K D, KUTZSCHER C, EHRLING S, et al. Insights into the role of zirconium in proline functionalized metal-organic frameworks attaining high enantio-and diastereoselectivity [J]. Journal of Catalysis, 2019, 377: 41-50.

[25] BERIJANI K, MORSALI A, HUPP J T. An effective strategy for creating asymmetric MOFs for chirality induction: a chiral Zr-based MOF for enantioselective epoxidation [J]. Catalysis Science & Technology, 2019, 9: 3388-3397.

[26] GHEORGHE A, STRUDWICK B, DAWSON D M, et al. Synthesis of chiral MOF-74 frameworks by post-synthetic modification by using an amino acid [J]. Chemistry-A European Journal, 2020, 26: 13957-13965.

[27] DONG X W, YANG Y, CHE J X, et al. Heterogenization of homogeneous chiral polymers in metal-organic frameworks with enhanced catalytic performance for asymmetric catalysis [J]. Green Chemistry, 2018, 20: 4085-4093.

[28] GAO W Y, CARDENAL A D, WANG C H, et al. In operando analysis of diffusion in porous metal-organic framework catalysts [J]. Chemistry-A European Journal, 2019, 25: 3465-3476.

[29] XIANG W, ZHANG Y, CHEN Y, et al. Synthesis, characterization and application of defective metal-organic frameworks: current status and perspectives [J]. Journal of Materials Chemistry A, 2020, 8: 21526-21546.

[30] HEINKE L, GU Z, WöLL C. The surface barrier phenomenon at the loading of metal-organic frameworks [J]. Nature Communications, 2014, 5: 1-6.

[31] HIBBE F, CHMELIK C, HEINKE L, et al. The nature of surface barriers on nanoporous solids explored by microimaging of transient guest distributions [J]. Journal of the American Chemical Society, 2011, 133: 2804-2807.

[32] CIRUJANO F G, MARTIN N, WEE L H. Design of hierarchical architectures in metal-oganic frameworks for catalysis and adsorption [J]. Chemistry of Materials, 2020, 32: 10268-10295.

[33] LYU J, ZHANG X, LI P, et al. Exploring the role of hexanuclear clusters as Lewis acidic sites in isostructural metal-organic frameworks [J]. Chemistry of Materials, 2019, 31: 4166-4172.

[34] MAINA J W, POZO-GONZALO C, KONG L, et al. Metal organic framework based catalysts for CO_2 conversion [J]. Materials Horizons, 2017, 4: 345-361.

[35] LI P Z, WANG X J, LIU J, et al. A triazole-containing metal-organic framework as a highly effective and substrate size-dependent catalyst for CO_2 conversion [J]. Journal of the American Chemical Society, 2016, 138: 2142-2145.

[36] WANG Y, CUI H, WEI Z W, et al. Engineering catalytic coordination space in a chemically stable Ir-porphyrin MOF with a confinement effect inverting conventional Si-H insertion chemoselectivity [J]. Chemical Science, 2017, 8: 775-780.

[37] FENG D, CHUNG W C, WEI Z, et al. Construction of ultrastable porphyrin Zr metal-organic frameworks through linker elimination [J]. Journal of the American Chemical Society, 2013, 135: 17105-17110.

[38] ABEYKOON B, DEVIC T, GRENÈCHE J M, et al. Confinement of Fe-Al-PMOF catalytic sites favours the formation of pyrazoline from ethyl diazoacetate with an unusual sharp increase of selectivity upon recycling [J]. Chemical Communications, 2018, 54: 10308-10311.

第8章
单位点Cu^{II}—MOFs选择性催化卤化反应

8.1 前言

  非活性 C—H 键的功能化代表了有机分子工程化和多样化的流行趋势，极大地重构了合成化学的逻辑。可是有机分子中有许多相似的 C—H 键，怎样得到能够使反应具有区域选择性的反应位点成为一个关键的挑战[1-4]。一种更有效的方法是利用模块化和定义明确的催化剂作为选择反应位点平台，该平台可调整以识别不同的位点，从而使一系列底物具有 C—H 功能化的区域性[5-8]。然而，由于固体体系中结构的刚性，限制了不同催化位点之间的配合，这种方法在非均相催化体系中仍然很难实现，因此需要探寻新的技术。

  配位聚合物（CPs）具有良好的单分散中心金属配位环境，可以为单位点非均相催化剂的位点选择反应提供独特的机会[9-12]。作为单位点催化剂，CPs 中孤立的无机节点可以结合均相催化剂和非均相催化剂的优点（结构明确、热力学稳定性高、表面能低和均匀分散的活性中心）以控制催化中心的性质及其空间结构，以及周围表面功能的周期性排列，从而提供一个结构上明确的催化活性中心[13-15]。

  此外，许多 CPs 能够通过单晶到单晶（SCSC）或溶解—再结晶结构转变（DRSTs），以调节拓扑和结构连接之间的独特的翻转运动，这使它们成为构建单位点催化剂较合适的选择[16-20]。通过 SCSC 过程，CPs 中的阳离子交换催化位点的配位微环境更易于控制，这有利于保持局部配位结构，将金属活性位点结合到所需的配位环境中，这是高选择性单位点催化的一个重要设计特点[21-23]。

  在此，课题组展示了一种策略，即 CPs 的结构转变如何作为构建类酶活性中心的单位点中心催化剂，以选择性地进行具有高区域选择性的 C—H 卤化反应。

在溶解—再结晶行为中，**16** 发生了剧烈的结构转变，形成了具有三维窗口状结构的新晶种 **17**，然后通过单晶到单晶（SCSC）方式将 17 中的 Mn 离子置换为 Cu 离子，生成与 **17** 具有相同结构的 Cu 交换产物 **18**。此外，利用结构转化得到 **17** 和 **18** 作为多相催化剂，催化苯酚卤化反应和 N-卤代丁二酰亚胺（NCS 和 NBS）反应，并对它们的催化性能进行了研究。

8.2 试验内容

8.2.1 配合物{[Mn(Hidbt)DMF]·H_2O}$_n$（**16**）的合成与表征

将 $MnSO_4·H_2O$（0.017g，0.1mmol）、4,5-四氮唑基咪唑（H_3idbt，0.02g，0.1mmol）、水（3mL）和 N,N-二甲基甲酰胺（DMF，3mL）的混合物置于 10mL 小瓶中。将混合物密封并在 100℃下加热 3 天，得无色晶体 **16**，产率为 71%［基于 Mn（%）计算］。元素分析以 $C_8H_{10}MnN_{11}O_2$ 计算，理论值：C，27.67%；H，2.90%；N，44.38%。

8.2.2 配合物{[Mn_3(idbt)$_2$(H_2O)$_2$]·$3H_2O$}$_n$（**17**）的合成与表征

在典型的合成中，在 10mL 小瓶中加入新鲜的 **16** 晶体，随后加入 DMF（3mL），将混合物在室温下静置 5min。**16** 棒状晶体溶解并在 1h 后形成粉末。随后，向所得溶液中加入水（3mL）。将混合物在 120℃下加热 20h，最后得到 **17** 的棱柱状晶体。

8.2.3 配合物{[Mn_2Cu(idbt)$_2$(H_2O)$_2$]·$3H_2O$}$_n$（**18**）的合成与表征

在典型的合成中，将 $CuSO_4·5H_2O$（0.05mmol）溶解在装有水（3mL）、DMF（3mL）的 10mL 小瓶中。随后，向溶液中加入新鲜的 **17** 晶体，然后将小瓶盖上并置于 120℃的烘箱中 30h。最后，无色的 **17** 晶体在保持其原始形状的同时变为浅绿色晶体 **18**。

8.2.4 典型的催化苯酚区域选择性卤化反应及表征

配合物 **18** 催化苯酚区域选择性卤化反应的一般程序：向装有酚类（**S21a~e**，1.0mmol）和 *N*-卤代丁二酰亚胺（**S22** 或 **S23**，1.5mmol）的乙腈（6mL）溶液中加入 **18**（0.05mmol）。得到的混合物在 90℃下进行搅拌，随后通过薄层色谱法（TLC）监测。将混合物冷却到室温，随后使用硅胶柱层析法（EA/PE）进行纯化，得到 **S24a~e** 或 **S25a~e**。

8.3 试验结果与讨论

8.3.1 单位点 Cu^{II}—MOFs 的结构分析及表征

为了构建具有良好选择性、稳定性和活性的高分散性单位点催化剂，课题组选择了一种 V 形 H_3idbt 作为形状稳定的配体，它可以作为调节 CPs 中催化位点和微环境的构筑单元。此外，还可以通过 SCSC 或 DRSTs 技术逐步合成高度有序的预组装单元以制备出不同的 CPs，从而获得用于区域选择性催化反应的单位点催化剂。利用这一原理，将 $MnSO_4 \cdot H_2O$ 与 H_3idbt 加入水/DMF 的混合溶液，随后在 100℃烘箱直接反应 3 天，生成了 $\{[Mn(Hidbt)DMF] \cdot H_2O\}_n$（**16**）无色单晶，具有高度有序的 3D 框架［图 8-1（a）］。在 **16** 中，不对称单元由一个 Mn 离子、一个 $Hidbt^{2-}$ 配体和一个配位 DMF 分子组成［图 8-1（b）］。

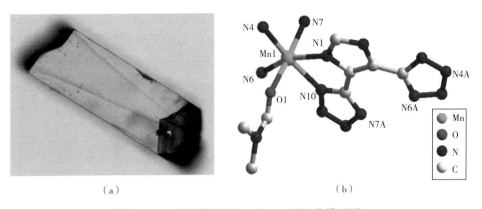

图 8-1　**16** 的晶体图及 **16** 中 Mn1 的配位模型图

Mn1 离子和来自三个 Hidbt^{2-} 配体的五个 N 原子（N1、N4、N6、N7 和 N10）以及配位 DMF 分子的一个 O 原子（O1）进行了六配位。H$_3$idbt 配体中的四唑基团完全去质子化，并采用螯合/桥联的配位方式连接 Mn1 离子，形成六核 Mn 离子二级结构单元（SBUs）。结果表明，相邻的 SBUs 可以通过 Mn1 离子和四唑 N 原子（N4 和 N6）的配位键被四唑环桥接，形成开放的菱形通道［图 8-2（a）］。最后，该通道被四唑环扩展，以构建具有菱形结构的三维框架［图 8-2（b）］。

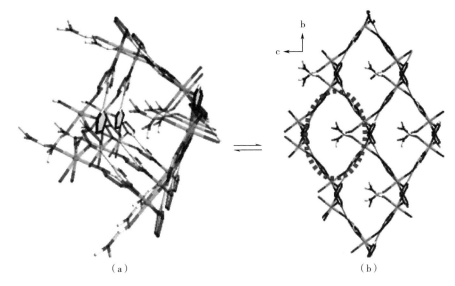

图 8-2　获得配合物 16 的开阔菱形河道及其三维框架视图

当配合物的结晶样品溶解在某些溶剂中时，配合物中的一些连接可能会重新排列。随后，该反应打破了沉淀—溶解平衡，进而导致配合物溶解[24-25]。配合物 **16** 的菱形结构的实验表明，溶解—结晶过程可以实现结构的动态转变。课题组首先考察了 **16** 的无色晶体在沸腾的二甲基甲酰胺、乙醇、二氧六环、乙腈、甲苯、甲醇和 N-二甲基乙酰胺中悬浮 36h 的耐溶剂性，发现配合物 **6** 在沸腾的二甲基甲酰胺、乙醇、乙腈、甲醇和 N-二甲基乙酰胺中均能溶解，而在沸腾的二氧六环和甲苯中 36h 后仍保持原来的形状。

有趣的是，当 **16** 的无色晶体在二甲基甲酰胺（DMF，3mL）溶液中在室温下浸泡 10min 时，它们被迅速溶解并获得白色悬浮液，这种转变是一种正常的溶解—结晶过程，通过扫描电镜可以观察到转变前后的显著形态变化。如图 8-3 中所示，棒状晶体完全溶解，在 1h 内形成纳米刺球，表明在大约 500nm 的尺寸下连续生长。

图 8-3 棒状晶体溶解 10min 和 1h 形成纳米荆棘球的 SEM 图像

为了促进较小颗粒中较大结晶颗粒的生长，在结晶溶液中加入了水（3mL）。结晶颗粒的形态逐渐改变，在 120℃ 下反应 30 h 后，结晶颗粒可以完全发展成新的十二面体颗粒。此外，晶体颗粒生长过程的元素映射和能量色散光谱（EDS）显示了相关元素（锰、氧、氮和碳）的均匀分布，进一步通过映射图像实验，表明了晶体颗粒在转变过程中的均匀生长（图 8-4）。

图 8-4 新十二面体晶体在 30 h 内完全生长的映射图像

此外，课题组通过粉末衍射（PXRD）进一步研究了转变过程，对于不同的晶相，转变过程峰值的位置发生了显著变化。并且，在 CPs 晶体中观察到的小角度反射代表了有机连接体产生的 CPs 结构中的框架连接[26]。随着反应时间的增加，小角度处（$2\theta = 9.88°$）的峰值减弱，并出现新的峰值（$2\theta = 7.88°$ 和 $9.56°$），其强度也逐渐增强。这些峰的转换也直观地揭示了 CPs 材料中金属离子与配体连接方式的变化，晶体模拟数据与试验数据的一致性也说明了样品的纯度。

在溶液中静置 30h 后，得到了保留单结晶度的新十二面体晶体 **17**［图 8-5（a）］。此外，十二面体晶体 **17** 的 SCXRD 研究表明，新晶体为 $\{[Mn_3(idbt)_2(H_2O)_2]·3H_2O\}_n$（**17**），具有窗口状的三维网络结构。值得注意的是，**16** 具有菱形结构，经过自发溶解—结晶形成 **17** 的窗口状网络结构，窗口呈方形平面。与 **16** 不同的是，配合物 **17** 结晶于四方空间群 $I4_1/amd$ 中，具有八核的 Mn^{II} 离子 SBUs。在 **17** 中，不对称单元由一个半锰离子、一个半 $idbt^{3-}$ 配体和一个配位水分子组成［图 8-5（b）］。

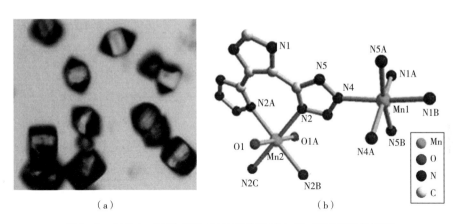

图 8-5　无色十二面体晶体 **17** 的图像及其中 Mn 离子的配位环境

$idbt^{3-}$ 配体中的四个咪唑基团通过重复 $\dashv Mn1$—咪唑—$Mn1 \vdash$ 连接与四个 Mn1 离子连接，形成一个正方形平面的四核 Mn^{II} 大环作为 SBUs 的内壁，而 $idbt^{3-}$ 配体中的四唑基采用螯合配位方式在正方形的四个侧面桥接 Mn2 离子，从而构成另一个四核结构［图 8-6（a）］。八个对称相关的 Mn^{II}（Mn1 和 Mn2）离子被四个 $idbt^{3-}$ 配体桥接，形成 $[Mn_8(idbt)_4]$ SBUs，这些 SBUs 由 Mn 原子连接在一起，形成一个三维无限窗口状结构［图 8-6（b）］。

与基于金属—配体的混合物相比，SCSC 转化为一系列具有相同配位构型的金属阳离子在固态中的反应性提供了一个截然不同的机会。相比之下，传统的多

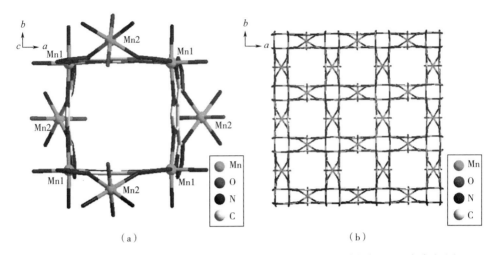

图 8-6　晶体 17 的八核 [Mn_8(idbt)$_4$] SBUs 及其具有窗口式框架的 3D 框架视图

相载体在多种过渡金属上并没有表现出完全相同的载体—催化剂相互作用，这就展现了在设计多相单位催化剂时，定义明确、模块化的 CPs 框架的优越性。因此，课题组以 SCSC 的方式通过阳离子交换来开发催化剂，并评估选择性和活性的变化。

为了进一步提高框架的稳定性和催化活性，课题组尝试在单晶状态下进行阳离子交换，将新的组分引入 CPs 体系中，发现 CPs 的结构和拓扑连接与原来的 CPs 基本相同。当将无色晶体 **17** 浸入含有 0.05mmol $CuSO_4$（3mL 水和 3mL DMF）的溶液中，并在 120℃下于 10mL 加盖小瓶中加热约 30h，无色晶体逐渐变为淡绿色，同时保持其十二面体形状 [图 8-7（a）]。PXRD 研究表明，模拟和合成结果及铜交换产物 **17** 和 **18** 的结果之间没有明显的变化，表明无色晶体 **17** 和浅绿色 **18** 具有相同的框架 [图 8-7（b）]。

原子吸收光谱（AAS）分析表明，近 15% 的框架锰离子在前 5h 内发生了交换，20h 后，33% 的框架锰离子被置换，铜/锰的比例提高到 1∶2。即使在 50h 后，铜/锰的比例仍然是 1∶2，表明只有一个锰离子被交换（图 8-8）。由此可以认为，Cu^{II} 离子选择性地占据了 Mn2 位点（1/4 占有），并且 Mn2 离子中配位水分子的两个轴向位置可以很容易被激活，并留下不饱和配位位置，以促进交换过程。同时，$idbt^{3-}$ 配体中咪唑环和四唑环上的六个氮原子以螯合/桥联配位方式固定了 Mn1 离子（半占有），Mn1 离子处于配位饱和状态，很难被其他金属离子取代。此外，在 XPS 光谱中，Cu $2p^{3/2}$ 和 Mn $2p^{3/2}$ 的峰值分别为 934.65eV 和 640.02eV，证明了 Cu 和 Mn 离子在阳离子交换过程中保持了二价态。

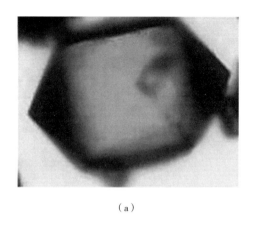
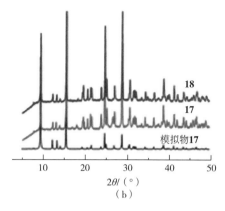

图 8-7 晶体 **18** 的浅绿色晶体图像及晶体 **17** 和 **18** 的模拟、合成及铜交换 PXRD

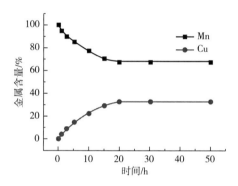

图 8-8 铜/锰交换过程的动力学曲线

此外，为了获得高质量的铜交换产物 **18**，对 SCSC 转化过程中的阳离子交换进行了严格的控制，以进一步通过 SCXRD 分析确定其结构。SCXRD 分析表明，配合物 **18** 在四方空间群 $I4_1/amd$ 中结晶，并具有与 **17** 相同的窗口结构。在 **18** 中，不对称单元由一个半 Cu^{II} 离子、一个 Mn^{II} 离子、一个 $idbt^{3-}$ 配体和一个配位水分子组成（图 8-9）。

$idbt^{3-}$ 配体中的四个咪唑基团通过 -[Mn1—咪唑—Mn1]- 的连接方式重复连接，将四个 Mn1 离子连接在一起，形成一个方形的平面四核 Mn^{II} 大环，作为 SBUs 的内壁，而 $idbt^{3-}$ 配体中的四唑基则采用螯合配位的方式在正方形的四个侧面桥接 Cu1 离子，构成另一个四核结构。八个对称相关的 Mn^{II}—Cu^{II}（Mn1 和 Cu1）离子被四个 $idbt^{3-}$ 配体桥连，形成一个 $[Mn_4Cu_4(idbt)_4]$ SBUs ［图 8-10（a）］，它可以通过 Mn 和 Cu 原子连接在一起，形成一个三维无限窗口状结构 ［图 8-10（b）］。

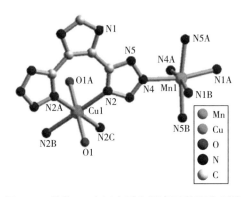

图 8-9　晶体 18 中锰离子和铜离子的配位环境

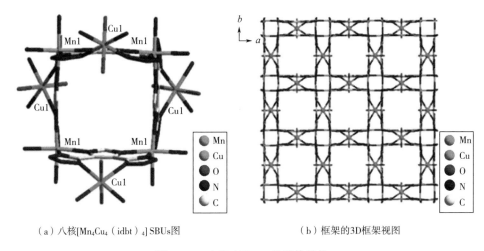

（a）八核[Mn₄Cu₄（idbt）₄]SBUs图　　　（b）框架的3D框架视图

图 8-10　交换产物 18 的晶体结构

8.3.2　单位点 Cu^{II}—MOFs 选择性催化 C—H 键卤化反应

通过苯酚类（**S21a**）与 N-氯代丁二酰亚胺（NCS，**S22**）的反应，评估了铜交换单位点催化剂平台进行区域选择性卤化反应的催化条件（表 8-1）。在探索了较宽泛的温度和溶剂范围后，以 **18** 为催化剂（10%，摩尔分数）在 90℃ 下得到了优化反应条件，生成了单卤代产物 **S24a**（95%）。

结果表明，**18** 是一种很好的单位点催化剂，可以控制高区域选择性的反应位点，而 Mn（NO₃）₂、Cu（NO₃）₂ 和 Mn（NO₃）₂/Cu（NO₃）₂ 具有较低的区域选择性，可得到单卤化（**S24a**，<25%）和双卤化的混合物，以及在相同反应条件下的三卤代产物（分别为表 8-1 中序号 10~12）。区域选择性反应在二氧六环

（**S24a**，41%）、DMF（**S24a**，32%）和甲苯（**S24a**，29%）中进行（分别为表 8-1 中序号 4、7 和 8）。通过对选择性和效率的考虑，课题组确定配合物 **18**、CH_3CN 和 90℃ 为进行酚类区域选择性卤化的最优反应条件。

表 8-1　苯酚区域选择性卤化反应条件的优化[a]

序号	催化剂	溶剂	温度/℃	S24a 产率[b]/%
1	**16**	CH_3CN	90	n.o.[c]
2	**17**	CH_3CN	90	13
3	**18**	CH_3CN	90	95
4	**18**	dioxane	90	41
5	**18**	$CHCl_3$	90	<10
6	**18**	EtOH	90	<10
7	**18**	DMF	90	32
8	**18**	toluene	90	29
9	**18**	CH_3CN	25	32
10	$Mn(NO_3)_2$	CH_3CN	90	<10
11	$Cu(NO_3)_2$	CH_3CN	90	<10
12	$Cu(NO_3)_2/Mn(NO_3)_2$	CH_3CN	90	25

a 反应条件：**S21a**（1.0mmol），催化剂（0.1mmol），**S22**（1.5mmol），CH_3CN（10mL），90℃（6h）。
b 8h 后的分离产率。
c n.o. 表示没有获得。

随后，为了研究区域选择性卤化反应中不同功能的可行性、耐受性和多样性，使用了各种取代酚（**S21a~e**）和两种 N-卤代丁二酰亚胺作为卤化剂（**S22** 和 **S23**）（表 8-2）。在所有情况下，非均相催化剂 **18** 表现出优异的区域选择性，

表 8-2　交换产物 18 催化的区域选择性卤化反应制备单卤化产物[a]

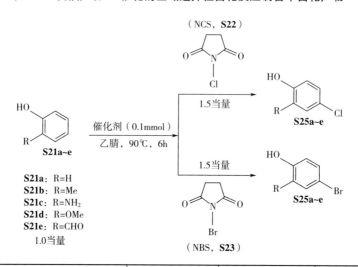

序号	催化剂	酚	S24a~e 产率[b]/%	S25a~e 产率[b]/%
1	**18**	S21a	95，92[c]	94，91[c]
2	**17**	S21a	<10	<10
3	Cu(NO$_3$)$_2$/Mn(NO$_3$)$_2$	S21a	25	21
4	**18**	S21b	95	94
5	**17**	S21b	<10	<10
6	Cu(NO$_3$)$_2$/Mn(NO$_3$)$_2$	S21b	23	20
7	**18**	S21c	93	93
8	**17**	S21c	<10	<10
9	Cu(NO$_3$)$_2$/Mn(NO$_3$)$_2$	S21c	22	20
10	**18**	S21d	93	94
11	**17**	S21d	<10	<10
12	Cu(NO$_3$)$_2$/Mn(NO$_3$)$_2$	S21d	24	21

续表

序号	催化剂	酚	S24a~e 产率[b]/%	S25a~e 产率[b]/%
13	**18**	**S21e**	92	93
14	**17**		<10	<10
15	Cu(NO$_3$)$_2$/Mn(NO$_3$)$_2$		15	13

a 反应条件：**S21a~e**（1.0mmol），**S22** 或 **S23**（1.5mmol），催化剂 **18**（0.1mmol），CH$_3$CN（10mL），90℃（6h）。

b 6h 后的分离产率。

c 反应条件：**S21a**（10.0mmol），**S22** 或 **S23**（15.0mmol），催化剂 **18**（0.5mmol），CH$_3$CN（60mL），90℃（6h）。

以生成单一卤化框架（**S24a~e**，92%~95%；**S25a~e**，93%~94%），而非均相催化剂 **17** 表现出较低的区域选择性，产生单卤化（**S24a~e**，<10%；**S25a~e**，10%）、双卤化以及三卤化混合物产品。此外，用 N-溴代丁二酰亚胺（**S23**）进行溴化反应，也证明了该催化方法作为具有可控反应位点（**S26a~e**）的单溴化产物具有良好的产率。

在 CPs 中，定义明确的活性中心被周期性地放置，并且在整个框架中具有一致的方位和距离，它们可以为 CPs 提供一个完整的平台，以高效和选择性地控制催化反应。结构分析表明，**18** 含有八核 [Mn$_8$(idbt)$_4$] SBU，其中活性位点 Mn2 离子以规则的等间距固定在窗口状结构中（相邻的 Mn2⋯Mn2 间距分别为 9.26Å 和 12.44Å）。虽然 **18** 的催化活性和选择性最低，但其相同的分离活性中心为构建具有均匀分散活性中心的多相催化剂提供了一个多功能平台，以控制单位点催化的区域选择性。与 **17** 相比，Cu 交换产物 **18** 是通过 **17** 的阳离子交换以 SCSC 的方式实现的，且 **18** 的结构与 **17** 的结构一致。八核 [Mn$_8$(idbt)$_4$] SBUs 中的 Mn2 离子可被 Cu 离子取代，形成八核 [Mn$_4$Cu$_4$(idbt)$_4$] SBUs，确保 **18** 中的活性位点 Cu 离子以相同的距离放置在窗口状结构中。同时，Cu 交换产物 **18** 中仍然存在着配位饱和的 Mn1 离子。由于具有明确的结晶度，**18** 的一个极其重要的特征是它可以提供原子性明确的分离活性位点（Cu 离子），在整个固体中具有一致固定的方位角和距离，类似于自然界中许多酶的位点分离。此外，在 **18** 中均匀隔离的活性中心（Cu 离子）与相邻 Cu⋯Cu 距离分别为 9.25Å 和 12.43Å。距离远大于适当排列的近端活性中心的距离（3.5~6Å），以实现高效的协同催化。

为了进一步证实区域选择性卤化反应是在通道的表面而不是在内部进行的，在没有研磨或搅拌的情况下，用大尺寸的铜交换的 **18**（0.26mm×0.24mm×0.21mm）晶体样品进行了试验。**S21e** 的卤化反应提供了一个单一卤化产物，产率为87%，略低于研磨后的产率（92%）。此外，对 SC-CO_2 活化后的 **18** 的氮吸附进行测量，比表面积为 1.24m^2/g。在进一步的试验中，由于吸收 N_2 的速率非常低，无法获得 **18** 的孔径分布（PSDs），这表明 **18** 中没有孔隙。这些结果表明，卤化反应发生在晶体样品的表面，而不是其内部。

为了评估催化体系的非均相特性，用电感耦合等离子体原子发射光谱（ICP-AES）评估了具有催化效率的可溶性 Cu^{II} 的浸出。结果表明，铜浓度（0.62mg/kg）较低，浸出率<1%。接下来，仔细地进行了过滤试验。在卤化 1h 后，通过离心分离去除催化剂 **18** 后获得上清液，然后持续反应 5h，发现滤液中根本没有发生任何转化变化，所以，这些试验毫无疑问地证明了 **18** 是真正的非均相催化剂。

此外，课题组对 **S21a** 和 **S22** 进行了多次重复性试验，通过离心法可以从反应系统中很容易地回收 **18** 催化剂，并且经过至少 10 次连续反应后，催化剂的活性没有显著损失。经过 10 次连续反应后再利用样品的 PXRD 图谱与原始 **18** 的 PXRD 图谱很好地吻合，并且没有显示出结构分解和崩塌，表明铜交换产物 **18** 在至少 10 次连续反应后仍然保持完整。

8.4 本章小结

课题组报道了一个高效的催化体系，该体系利用廉价绿色的 *N*-卤代丁二酰亚胺作为卤化剂，在具有固定的、均匀分散的单位点 Cu^{II} 活性中心催化剂 **18** 条件下，对苯酚的区域选择性 C—H 卤代反应进行催化。通过 DRSTs 工艺实现了从 **16** 中的三维菱形结构到 **17** 中 3D 结构转变，然后以 SCSC 的方式通过阳离子交换生成了与 **17** 相同框架的 Cu 交换产物 **18**。此外，对于酚类化合物和 *N*-卤代丁二酰亚胺（NCS 和 NBS）的 C—H 卤化反应，结构转变赋予了铜交换产物 **18** 优异的高区域选择性并生成单卤代产物。结果表明，在反应过程中，配合物 **18** 可以作为具有明确活性中心的单位催化剂，在反应过程中实现对位选择性。这项工作不仅为调节和控制 CPs 中实现结构功能关系的单位点催化系统提供了一条非同寻常的途径，而且强调了多相催化剂的重要性，这将激发人们对通过非均相催化进行高级卤化反应的研究兴趣。

参考文献

[1] RUNGTAWEEVORANIT B, ZHAO Y, CHOI K M, et al. Cooperative effects at the interface of nanocrystalline metal-organic frameworks [J]. Nano Research, 2016, 9: 47-58.

[2] CHUGHTAI A H, AHMAD N, YOUNUS H A, et al. Metal-organic frameworks: versatile heterogeneous catalysts for efficient catalytic organic transformations [J]. Chemical Society Reviews, 2015, 44: 6804-6849.

[3] WU C D, ZHAO M. Incorporation of molecular catalysts in metal-organic frameworks for highly efficient heterogeneous catalysis [J]. Advanced Materials. 2017, 29: 1605446.

[4] HUANG Y B, LIANG J, WANG X S, et al. Multifunctional metal-organic framework catalysts: synergistic catalysis and tandem reactions [J]. Chemical Society Reviews, 2017, 46: 126-157.

[5] LIN Z, ZHANG Z M, CHEN Y S, et al. Highly efficient cooperative catalysis by CoIII (porphyrin) pairs in interpenetrating metal-organic frameworks [J]. Angewandte Chemie, 2016, 128: 13943-13947.

[6] AN B, LI Z, SONG Y, et al. Cooperative copper centres in a metal-organic framework for selective conversion of CO_2 to ethanol [J]. Nature Catalysis, 2019, 2: 709-717.

[7] PARK H D, DINCĂ M, ROMAN-LESHKOV Y. Heterogeneous epoxide carbonylation by cooperative ion-pair catalysis in Co $(CO)_4^-$-incorporated Cr-MIL-101 [J]. ACS Central Science, 2017, 3: 444-448.

[8] MONDLOCH J E, BURY W, FAIREN-JIMENEZ D, et al. Vapor-phase metalation by atomic layer deposition in a metal-organic framework [J]. Journal of the American Chemical Society, 2013, 135: 10294-10297.

[9] ZENG L, WANG Z, WANG Y, et al. Photoactivation of Cu centers in metal-organic frameworks for selective CO_2 conversion to ethanol [J]. Journal of American Chemical Society, 2020, 142: 75-79.

[10] LEE M, DE RICCARDIS A, KAZANTSEV R V, et al. Aluminum metal organ-

ic framework triggers carbon dioxide reduction activity [J]. ACS Applied Energy Materials, 2020, 3: 1286-1291.

[11] PRASITTICHAI C, AVILA J R, FARHA O K, et al. Systematic modulation of quantum (electron) tunneling behavior by atomic layer deposition on nanoparticulate SnO_2 and TiO_2 photoanodes [J]. Journal of the American Chemical Society, 2013, 135: 16328-16331.

[12] LOHR T L, MARKS T J. Orthogonal tandem catalysis [J]. Nature Chemistry, 2015, 7: 477-482.

[13] HUANG M, LI Y, LI M, et al. Active site directed tandem catalysis on single platinum nanoparticles for efficient and stable oxidation of formaldehyde at room temperature [J]. Environmental Science & Technology, 2019, 53: 3610-3619.

[14] CLIMENT MARIA J., CORMA AVELINO, IBORRA SARA, et al. Heterogeneous catalysis for tandem reactions [J]. ACS Catalysis, 2014, 4: 870-891.

[15] JI P, DRAKE T, MURAKAMI A, et al. Tuning lewis acidity of metal-organic frameworks via perfluorination of bridging ligands: Spectroscopic, theoretical, and catalytic studies [J]. Journal of the American Chemical Society, 2018, 140: 10553-10561.

[16] ZHANG X, CHEN Z, LIU X, et al. A historical overview of the activation and porosity of metal-organic frameworks [J]. Chemical Society Reviews, 2020, 49: 7406-7427.

[17] JIANG J, YAGHI O M. Brønsted acidity in metal-organic frameworks [J]. Chemical Reviews, 2015, 115: 6966-6997.

[18] GONG W, CHEN X, JIANG H, et al. Highly stable Zr (Ⅳ) -based metal-organic frameworks with chiral phosphoric acids for catalytic asymmetric tandem reactions [J]. Journal of the American Chemical Society, 2019, 141: 7498-7508.

[19] FENG L, WANG Y, YUAN S, et al. Porphyrinic metal-organic frameworks installed with Brønsted acid sites for efficient tandem semisynthesis of artemisinin [J]. ACS Catalysis, 2019, 9: 5111-5118.

[20] CAI G, YAN P, ZHANG L, et al. Metal-organic framework-based hierarchically porous materials: Synthesis and applications [J]. Chemical Reviews, 2021, 121: 12278-12326.

[21] LIAN X, CHEN Y P, LIU T F, et al. Coupling two enzymes into a tandem nanoreactor utilizing a hierarchically structured MOF [J]. Chemical Science, 2016, 7: 6969-6973.

[22] LIMVORAPITUX R, CHOU L Y, YOUNG A P, et al. Coupling molecular and nanoparticle catalysts on single metal-organic framework microcrystals for the tandem reaction of H_2O_2 generation and selective alkene oxidation [J]. ACS Catalysis, 2017, 7: 6691-6698.

[23] ZHUANG J, YOUNG A P, TSUNG C K. Integration of biomolecules with metal-organic frameworks [J]. Small, 2017, 13: 1700880.

[24] FRACAROLI A M, SIMAN P, NAGIB D A, et al. Seven post-synthetic covalent reactions in tandem leading to enzyme-like complexity within metal-organic framework crystals [J]. Journal of the American Chemical Society, 2016, 138: 8352-8355.

[25] MARTÍ-GASTALDO C, ANTYPOV D, WARREN J E, et al. Side-chain control of porosity closure in single-and multiple-peptide-based porous materials by cooperative folding [J]. Nature Chemistry, 2014, 6: 343-351.

[26] HAN X, LU W, CHEN Y, et al. High ammonia adsorption in MFM-300 materials: Dynamics and charge transfer in host-guest binding [J]. Journal of the American Chemical Society, 2021, 143: 3153-3161.

第9章

阴离子框架Cu^I—MOFs与中心框架Cu^ICu^{II}—MOFs价态互变调控C—H键芳基反应

9.1 引言

在金属有机框架（MOFs）中，融合具有氧化还原特性的活性中心（氧化还原活性的金属或有机桥连配体），设计合成具有氧化还原活性的金属有机框架（ra-MOFs）得到了迅速的发展，并且因它们具备可调控的新功能而吸引了越来越多的科学研究者的兴趣[1-4]。例如，最近的研究报道显示，具有氧化还原活性的ra-MOFs已经应用到了电极材料的锂离子电池（LIBs）、半导体材料、选择性的气体吸附性能、氧化还原活性的催化剂、铁电和铁磁材料等[5-9]。在ra-MOFs中，由于框架在受到溶剂和客体分子的光照、加热、还原剂等外部的刺激作用时，频繁地出现可逆的或不可逆的单晶到单晶（SCSC）的氧化作用或还原作用诱导结构转变，引起包括金属—配体的连接数、拓扑网络和中心金属价态等发生改变，这些转变进而决定它们具有特殊的物理和化学性能[10-14]。尤其重要的是，到目前为止，很少有报道显示带电的Cu^I-MOFs在其通道或孔洞中融合了能自由移动的电荷，依靠氧化还原反应的作用实现迷人的可调控的主—客体依赖的结构转变过程[15-17]。

例如，沃尔顿（Walton）报道了一个纯手性的、多孔的氧化还原活性的Cu^I框架$[\{Cu^I_{12}(trz)_8\}\cdot 4Cl\cdot 8H_2O]_n$（Htrz=1,2,4-三氮唑），其中包含了带正电的框架和自由移动的Cl^-离子作为客体分子，它放置在空气中，可以被空气中的氧气氧化形成结构和拓扑学等价的Cu^{II}框架$[\{Cu^{II}_{12}(trz)_8\}\cdot 4Cl\cdot 12(OH)\cdot 2(H_2O)]_n$[18]。黄（Huang）报道了两个带电的具有立体结构的笼状化合物，依靠自由电荷的存在而显示出氧化还原的稳定性[19]。然而，其中涉及的复杂的氧化还原机理，关联到主—客体依赖的氧化还原反应，仍然很模糊，并且在晶态下可逆的单晶到单晶（SCSC）的氧化/还原诱导的结构改变仍然存在着巨大的挑战。考虑到可逆的氧化/还原行为调谐的结构转换对发展催化开关或者传感等材料的重要性，科学家们渴望通过自组装的途径设计合成 ra-MOFs，并且实现主—客体依赖的氧化/还原诱导结构的转变，实现其功能化应用。

可调谐的氧化还原活性的 MOFs 和客体分子诱导的可逆的 SCSC 的氧化/还原结构转变，是设计合成具有氧化还原活性催化剂开关的首要选择。这不仅是因为 MOFs 催化剂具有高孔隙率、功能的多样化、可调谐的孔洞尺寸和它们对底物的形状和尺寸的选择性等优点，也是由于在晶态下可控制的 SCSC 的结构转变可以打开/关闭催化剂的催化活性特点，调控其催化性能的改变[20-24]。

另外，最近的研究报道显示，钯、铑、镍或铜作为催化剂催化多种杂环的直接芳基化反应是合成杂环衍生物最有效的途径[25-29]。然而，在这些均相的合成系统中涉及催化剂的失活和回收难的问题，并且在整个催化过程中，配体螯合金属扮演了重要的角色，并且在反应结束时，有机配体的存在，使产品的分离和提纯变得更加困难[30-33]。

考虑到以 MOFs 作为非均相催化剂的优点和可逆的 SCSC 的氧化/还原诱导的结构变化的鼓舞，构建可调谐的客体分子，诱导氧化还原活性的 Cu^I—MOFs 的结构转变，可以提供一个可行的途径来支持非均相催化剂，并进一步作为氧化还原催化剂开关实现直接杂环化合物的芳基化 C—H 键的活化反应。因此，课题组设计并合成了一个包含 $[H_3O]^+$ 离子作为客体分子的多孔沸石状的三维（3D）阴离子框架的 Cu^I 配合物 **19**。依靠 SCSC 的途径，发生氧化/还原行为，可逆的诱导结构转变出现在阴离子的 Cu^I 框架 **19** 和拓扑学等价的中性 $Cu^I Cu^{II}$ 混价框架 **20** 之间。

机理研究表明，氧化还原活性的阴离子 Cu^I 框架依靠客体的存在形式显示了氧化还原的稳定性。此外，当用 **19** 和 **20** 作为非均相催化剂时，进行杂环化合物与卤化物的 C—H 键偶联试验。实验结果表明，当用 **19** 作为催化剂时可以得到 C—H 活化产物，而用 **20** 作为催化剂时，只能得到乌尔曼（Ullman）偶联产物。因此，为研究杂环 C—H 键的芳基化反应，提供了一个具有氧化还原行为的催化剂开关，通过可逆的结构转化，催化开关在 Cu^I 框架配合物 **19** 和 $Cu^I Cu^{II}$ 混价框架配合物 **20** 中实现。

9.2 试验内容

9.2.1 配合物 $\{(H_3O)[Cu_2(CN)(TTB)_{0.5}] \cdot 1.5H_2O\}_n$（19）的合成与表征

将 CuCN（0.018g，0.2mmol）、H_4TTB（0.017g，0.05mmol）、DMF（2mL）、EtOH（2mL）、$NH_3 \cdot H_2O$（2mL）和 N,N-二异丙基乙胺（DIPEA）（2mL）混合在 25mL 的聚四氟乙烯内衬的不锈钢反应釜中，加热到 160℃ 保持 3 天。然后以 5℃/h 的速度降温到室温，得到淡黄色的晶体 **19**，产率为 80%［基于 Cu（%）计算］。

9.2.2 配合物 $\{[Cu^ICu^{II}(TTB)(CN)] \cdot 1.5H_2O\}_n$（20）的合成与表征

在空气氛围中，100℃ 加热淡黄色配合物 19 获得黑色晶体 20。

9.2.3 配合物 $\{(H_3O)[Cu_2(TTB)_{0.5}(CN)] \cdot 2H_2O\}_n$（19a）的合成与表征

把黑色的配合物 20 放置在抗坏血酸的水溶液（0.05mol/L）中，室温下保持 12h。黑色的晶体 20 可以转变成淡黄色的晶体 **19a** 并保持晶型。

9.2.4 配合物 $\{(TEAH)[Cu_2(TTB)_{0.5}(CN)] \cdot H_2O\}_n$（21）的合成与表征

淡黄色的晶体 **21** 制备与 **19** 制备条件相同，除了三乙基胺（TEA）取代 N,N-二异丙基乙胺（DIPEA），产率为 85%［基于 Cu（%）计算］。

9.2.5 配合物 $\{(DIPAH)[Cu_2(CN)(TTB)_{0.5}] \cdot 0.5H_2O\}_n$（22）的合成与表征

淡黄色的晶体 **22** 制备与 **19** 制备条件相同，除了二异丙胺（DIPA）取代 N,N-二异丙基乙胺（DIPEA），产率为 78%［基于 Cu（%）计算］。

杂环化合物（**S26**，**S27**，**S28**，1.0mmol），芳香卤代物（**S29a ~ h**，2.0mmol），催化剂 **19**（0.025mmol）和 K_2CO_3（2.0mmol）在 DMF（4mL）中加热到140℃，通过薄层色谱（TLC）监控发现，10h 后原料基本反应完全。随后，该混合体系冷却到室温，并用乙酸乙酯（EA）稀释，离心，萃取（水，3×10mL）。合并有机相，无水硫酸钠干燥，并在减压条件下浓缩，利用硅胶柱层析法分离提纯产品。

9.3 试验结果与讨论

9.3.1 Cu^I—MOFs 与 Cu^ICu^{II}—MOFs 价态互变的结构分析及表征

为了设计合成客体分子诱导的具有氧化还原活性的多孔氮杂环包含一价铜的 MOF，课题组选择了一个刚性的四齿四氮唑［1,2,4,5-四（1H-四氮唑-5-基）苯，H_4TTB］配体作为桥连的配体，由于它具有多齿的路易斯碱配位点，可以和催化活性的 Cu^I 离子构建出具有功能化作用的 MOFs（图9-1）。此外，为了模仿制备一些带电多孔的沸石，尤其是在它们的结构中的通道内部包含自由移动的带电离子，有机胺模板剂被引入整个合成体系中[34-35]。

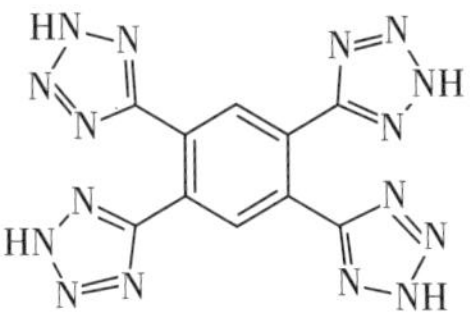

图 9-1　配体 H_4TTB 的结构式

CuCN 与 H_4TTB 在二甲基甲酰胺、乙醇、氨水中以 N,N-二异丙基乙胺（DIPEA）作为有机胺模板剂的条件下，加热至160℃反应3天，可以获得淡黄色的单晶配合物 **19**（图9-2）；对比获得样品的粉末衍射分析（PXRD）和模拟的 PXRD 表明，获得的样品是纯相的。

随后，淡黄色样品的 X 射线光电子能谱（XPS）分析测试进一步证明，**19** 中铜离子中心的价态是一价的。XPS 光谱分析显示，铜的 $2p^{1/2}$ 和 $2p^{3/2}$ 的峰值分

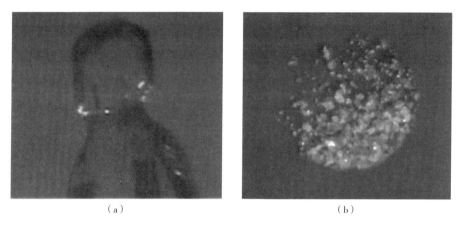

图 9-2　配合物 **19** 的单颗晶体和收集的样品

别是 951.51eV 和 932.01eV，表明在配合物 **19** 中只存在一价铜的价态。单晶 X 射线衍射分析表明，配合物 **19** 是单斜晶系，空间群是 $C2/c$。在 **19** 中，$[Cu_4^I(CN)_2]^{2+}$ 单元被完全质子化的四齿四氮唑配体 TTB^{4-} 连接，形成多孔沸石状的 3D 框架配合物（一价铜），并且 $[H_3O]^+$ 被包裹在该阴离子框架中，沿 c 轴形成一个包含 10.23Å×7.41Å 的通道（图 9-3）。

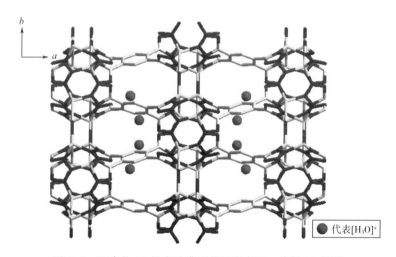

图 9-3　配合物 **19** 的多孔沸石状的阴离子—价铜 3D 框架

在配合物 **19** 的结构中，一价铜离子 Cu1 和 Cu2 是典型的四配位空间构型，具有类似沸石结构中的 Si（Al）O_4 四面体结构单元（图 9-4）。其中，在框架内部每一对氰基连接 4 个 Cu^I 离子形成 $[Cu_4^I(CN)_2]^{2+}$ 单元（图 9-5）。四齿的四氮唑

H₄TTB 配体是完全去质子化的，并且每个四氮唑五元环与中心苯环的二面角是 51.09°。如图 9-6 所示，沿 b 轴方向，每一个四齿的四氮唑配体连接 6 个 $[Cu_4^I(CN)_2]^{2+}$ 单元，形成一个多孔的沸石状的 3D 框架，并且其拓扑符号为 $\{4^{10}.6^5\}_2$（图 9-7）。在 **19** 的不对称单元中包含半个去质子化的 TTB⁴⁻ 配体，两个 Cu^I 离子和一个氰基阴离子。

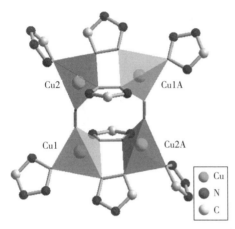

图 9-4　配合物 **19** 中 Cu1 和 Cu2 的配位模型

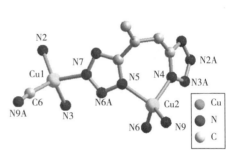

图 9-5　配合物 **19** 中 $[Cu_4^I(CN)_2]^{2+}$ 单元

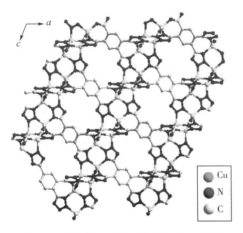

图 9-6　配合物 **19** 沿 b 轴方向的 3D 结构

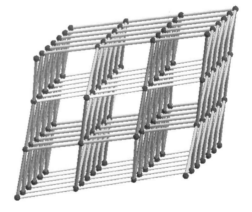

图 9-7　配合物 **19** 的拓扑结构，其拓扑符号为 $\{4^{10}.6^5\}_2$

实验的目的是研究氧化还原活性的阴离子框架的 Cu^I 配合物 **19**，在晶态下可以展示出可逆的氧化/还原行为的改变，并且框架不发生变化，价态发生变化。

当把淡黄色的单晶样品 **19** 放置在空气中时，样品 **19** 可以逐渐地转换成其氧化态的配合物并且保持晶型。这个变化过程可以很容易地从晶体颜色的变化过程（淡黄色转变到黑色）观察并确认，同时 XPS 测试分析进一步验证了该变化过程及最终铜离子的价态（图 9-8）。

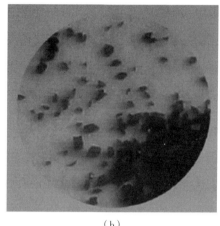

(a) (b)

图 9-8 氧化成配合物 **20** 的单颗晶体和收集的样品

在 XPS 图谱中，$Cu2p^{3/2}$ 和 $2p^{1/2}$ 区域包含了两个相应的特征峰。由于有一价铜离子的存在，$Cu2p^{3/2}$ 和 $2p^{1/2}$ 的峰位置分别是 931.59eV 和 951.13eV。此外，在 934.46eV 和 954.01eV 存在两个新的峰位置，这是由于二价铜离子的存在所引起的，并且结合在能带 943.86eV 存在着伴峰，可以进一步证明二价铜的存在[36-37]。尤其特别的是，这些弱的伴峰存在是 d^9 基态电子层的特征位置[38]。因此，结合 XPS 测试分析的结果可以证明 Cu^I 配合物 **19** 转变到混价的 $Cu^I Cu^{II}$ 配合物。

此外，氧化后变黑的晶体的变温磁化率测试分析，显示了一个反铁磁的耦合现象，进一步证明了二价铜离子的存在（图 9-9）。随后的实验发现，当把淡黄色的晶体 **19** 分别放在 60℃，80℃，100℃ 环境中，晶体的颜色可以在 25min、12min、5min 迅速变黑。这些实验现象表明这个氧化过程可以随着温度的升高而加快。为了保证淡黄色的晶体 **19** 的内部和外面能完全被氧化，最终是在 100℃ 加热 12h 得到样品。并且，最终的晶体仍然保持着完整的晶型，确保完全氧化变黑的晶体可以通过单晶衍射仪测定。

单晶 X 射线衍射测试表明，变黑的晶体变成了新的结晶相，其分子式为 $\{[Cu^I Cu^{II}(CN)(TTB)_{0.5}]\cdot 1.5H_2O\}_n$ (**20**)，并且金属和配体的连接方式及整

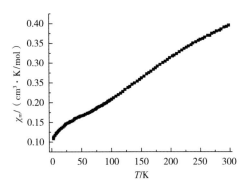

图 9-9　配合物 **20** 的变温磁化率

体的拓扑网络保持不变,晶胞参数和晶胞体积的变化也很小(图 9-10)。从 **19** 转变成 **20** 的单晶测试发现,其 a 和 c 轴分别稍微增加 0.08Å 和 0.03Å,并且伴随着 β 角增加了 1.1°。进一步的研究表明,配合物 **20** 的框架连接与 **19** 相同,只是伴随着键长和键角的不同(表 9-1)。

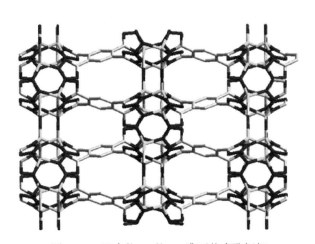

图 9-10　配合物 **20** 的 3D 沸石状多孔框架

表 9-1　量化计算的配合物 **20** 的键长与 **X-ray** 测试的键长对比

键长	X 射线结构的键长/Å	优化结构的键长/Å
N9—C6	1.128	1.173
Cu1—C6	1.935	1.952
Cu1—N2	2.035	2.066

续表

键长	X 射线结构的键长/Å	优化结构的键长/Å
Cu1—N3	2.076	2.159
Cu2—N4	2.080	2.118
Cu2—N5	2.066	2.079
Cu2—N6	2.099	2.026
Cu1—N7	2.044	2.086

为了证明在氧化过程中，框架中的哪个铜原子被氧化，利用 UB3LYP 程序进行量化计算。从表 9-1 中数据对比键长可以发现，计算的键长和配合物 **20** 在单晶 X 射线衍射测得的键长是一致的，表明这个计算的模型和结果是合理的，并且各个配位原子的笛卡尔坐标系（Cartesian coordinates）也相应得到。计算结果显示，Cu1 和 Cu2 的电荷分别为 0.631eV 和 0.052eV，表明 Cu1 是易于被氧化的（图 9-11）。因此，在 **20** 中的不对称单元包含半个 TTB^{4-} 配体、一个 Cu^{II} 离子（Cu1）、一个 Cu^{I} 离子、一个氰基阴离子和客体水分子。由于 **19** 中一半的一价铜离子被氧化成二价铜离子，最终 **20** 的框架变成了中性的。**20** 的分子式根据单晶 X 射线衍射测试分析、元素分析、热重 TGA、XPS 和电荷平衡的考虑确定。

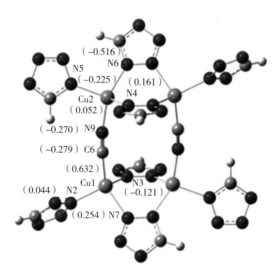

图 9-11　UB3LYP 程序计算 Cu 原子及其配位原子周围的电荷

对比变化前后的单晶结构发现,氧化还原活性的框架从 **19** 转化到 **20** 的过程中,金属和配体的连接及网络拓扑没有发生改变,只是框架的价态从阴离子框架变成了中性的框架,并且对比 **19** 和 **20** 变化前后的最终粉末 XRD 也进一步证实,结构没有发生变化。变温粉末 XRD(VTPXRD)进一步证明,**19** 在转变成 **20** 的过程中,框架没有发生任何改变(图 9-12)。在 VTPXRD 图中,温度从 25℃升到 275℃时,尽管主要的衍射峰没有发生任何改变,但是晶体的颜色从淡黄色变成黑色,当温度在 100~275℃,被氧化成 $Cu^I Cu^{II}$ 的框架可以被 XPS 测试所证实。

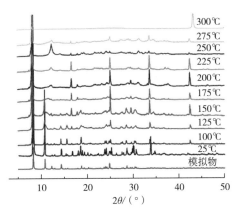

图 9-12 配合物 **19** 的变温粉末 XRD(VTPXRD)

显而易见,Cu^I 配合物和 $Cu^I Cu^{II}$ 共同存在的中性混价铜配合物之间的转变,在晶态下是可以发生可逆的变化的。通过大量的实验发现,配合物 **20** 的样品放置在具有还原性的抗坏血酸水溶液中,可以导致黑色的晶体变成淡黄色的晶体(图 9-13),在整个过程中晶型不会发生任何改变,表明整个 MOFs 框架的 $Cu^I Cu^{II}$ 中心被抗坏血酸还原成 Cu^I 中心。此外,XPS 分析表明,被还原剂还原成淡黄色样品后,样品中只有一价铜离子存在。

图 9-13 黑色晶体 **20** 被还原剂抗坏血酸还原成 **19a**

有意义的是，被还原后的样品仍然保持着晶体的形状，并且单晶 X 射线衍射测试表明，被还原后的晶体其框架与 **19** 保持一致，只是包含了不同个数的客体水分子（图 9-14）。被还原的晶体的分子式 $\{(H_3O)[Cu_2^I(CN)(TTB)_{0.5}] \cdot 2H_2O\}_n$ （**19a**）综合考虑单晶结构、元素分析、TGA、XPS 和电荷平衡确定，并且 **19a** 中的 $[H_3O]^+$ 离子作为平衡电荷存在，它可能是由于抗坏血酸在水溶液中以电离的形式存在而提供。同时，最终样品的粉末 XRD 与 **19** 对比，其框架没有发生任何改变，进一步证明 **19a** 保持着与 **19** 相匹配的框架。

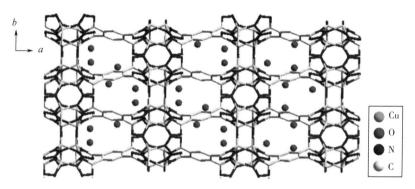

图 9-14 被还原剂还原成淡黄色样品 **19a** 框架结构

图 9-15 配合物 **19a** 在空气中再次被氧气氧化形成黑色的配合物 **20a**

被还原剂还原成的淡黄晶体的阴离子 Cu^I 配合物 **19a** 再次放置在空气中，其淡黄色的晶体可以再次被空气中的氧气氧化成黑色的 $Cu^I Cu^{II}$ 共同存在的混价铜中性配合物 **20a**，实现在晶态下可逆的 SCSC 过程（图 9-15）。再次被氧化成中性的配合物 **20a** 的样品，单晶结构测试表明，与 **20** 的结构完全一致。随后，粉末 XRD 测试和单晶晶胞测试显示，**20a** 保持着与 **20** 相同的框架（图 9-16）。这种在晶态下，Cu^I 配合物（**19** 和 **19a**）和混价铜 $Cu^I Cu^{II}$ 配合物（**20** 和 **20a**）展示了完全可逆的 SCSC 氧化/还原过程，为设计合成具有催化开关行为的催化剂提供了可行的理论研究。并且变化前后的晶体结构通过技术表征手段可以完全确定，为研究催化反应的机理和反应过程提供了完善的指导，实现了对催化剂的逐步调控。

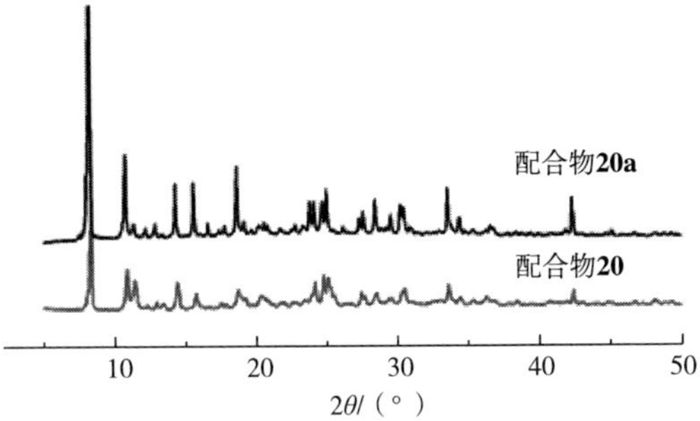

图 9-16　配合物 **20a** 和 **20** 的粉末 XRD 图

为了进一步研究和理解客体分子对阴离子框架配合物 **19** 的氧化还原行为的影响，课题组利用三乙胺（TEA）和二异丙胺（DIPA）分别作为有机模板剂，代替 N,N-二异丙基乙胺（DIPEA），分别得到了具有相同阴离子框架的 Cu^{I} 配合物 **21** 和 **22**。

课题组首先对配合物 **21** 的单晶结构进行解析，发现 **21** 展示了与 **19** 相同的多孔类沸石状的阴离子框架，只是 $TEAH^+$ 代替 $[H_3O]^+$ 作为客体阳离子存在 **21** 的框架内部（图 9-17）。随后对 **21** 进行了 XPS 分析，发现 **21** 中铜离子的价态也是一价，并且 TGA 和元素分析确定了 **21** 中包含的客体分子的种类，同时通过粉末 XRD 分析进一步表明，在收集样品 **21** 时，得到的样品是纯相的。

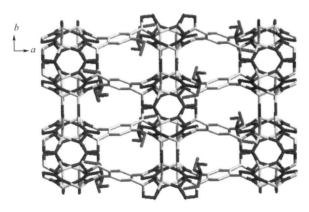

图 9-17　用 TEA 代替 DIPEA 得到配合物 **21** 结构

随后，课题组对配合物 **22** 的单晶结构进行解析，发现 **22** 显示了与 **19** 相同的多孔类沸石状的阴离子框架，只是 $DIPAH^+$ 代替 $[H_3O]^+$ 作为客体阳离子存在 **22** 的框架内部（图 9-18）。对 **22** 进行了元素分析、XPS、TGA 等技术分析和表征，粉末 XRD 进一步表明，在收集样品 **22** 时，得到的样品是单一相的。

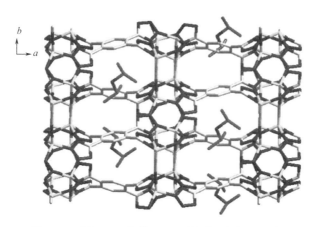

图 9-18 用 DIPA 代替 DIPEA 得到配合物 **22** 结构

必须注意的是，没有 DIPEA、TEA 和 DIPA 作为有机模板剂时，配合物 **19**、**21** 和 **22** 都不能被合成。DIPEA 作为模板剂合成 **19** 时，由于其尺寸太大而不能进入框架内部，不能与框架内部的孔洞相匹配，造成 $[H_3O]^+$ 作为客体阳离子为平衡电荷存在其空腔中。$[H_3O]^+$ 作为客体阳离子的阴离子框架的 Cu^I 配合物 **19**，可以在空气中氧化形成 $Cu^I Cu^{II}$ 混价铜存在的中性框架 **20**，但是，当 $TEAH^+$ 和 $DIPAH^+$ 作为客体阳离子时，阴离子框架的 Cu^I 配合物 **21** 和 **22** 长时间放置在空气，可以稳定地存在几个月而不会发生氧化还原反应。推测 $[H_3O]^+$ 离子包裹在带电的 Cu^I 阴离子框架 **19** 中，可以直接参与氧化过程，并且比 $TEAH^+$ 和 $DIPAH^+$ 阳离子存在时表现出高的反应活性，最终改变框架的电负性。因此，客体分子的存在形式对阴离子框架的氧化还原行为起到了明显的决定作用。

综合上面的讨论，推断阴离子框架 **19** 的氧化还原行为可能是由于以下几点原因所引起。首先，多核的 Cu^I 前驱体可以捕获 O_2 分子，并且可以显示出类似自然界中 Cu 酶的作用，与 O_2 分子作用参与氧化反应。尽管 $TEAH^+$ 和 $DIPAH^+$ 作为客体阳离子的 Cu^I 配合物 **21** 和 **22** 表现出氧化的惰性，但是 $[H_3O]^+$ 作为客体阳离子的 Cu^I 配合物 **19** 却表现出氧化还原活性。此外，$TEAH^+$ 离子可以存在于配合物 **21** 的空腔中，并且 $DIPAH^+$ 离子也可以匹配配合物 **22** 的空腔，同时，铵根离子上的 N 原子可以与阴离子的框架形成氢键（N19—H⋯N8，N20—H⋯N17，N19—H⋯N2）。这种较大的铵根阳离子可以很好地适应 **21** 和 **22** 的空腔，并保护框架内的 Cu^I 离子不被 O_2 所攻击。相反，$[H_3O]^+$ 作为客体阳离子存在

Cu^I配合物 **19** 中，留下局部的空穴和 Cu^I 离子，可以捕获 O_2 分子。其次，根据一般 Cu^I 配合物与 O_2 反应的路径，并且在配合物 **19** 中，Cu1^I 离子易于被氧气氧化形成 Cu1^{II} 离子，并产生 Cu1^{II}—（·O_2）自由基，随后该自由基与邻近的 Cu1^I 离子（Cu1···Cu1 3.82Å）形成 Cu_2O_2 前驱体[37]。这种自由基和 $[H_3O]^+$ 离子反应形成配合物 **20** 和释放出水。因此，该氧化过程的转化反应可描述成以下反应方程式：

$$2\{(H_3O)[Cu_2^I(CN)(TTB)_{0.5}]\cdot 1.5H_2O\}_n(\mathbf{19}) + nO_2 \longrightarrow$$
$$2\{[Cu^ICu^{II}(CN)(TTB)_{0.5}]\cdot 1.5H_2O\}_n(\mathbf{20}) + nH_2O_2 + 2nH_2O$$

9.3.2 Cu^I—MOFs 与 Cu^ICu^{II}—MOFs 调控 C—H 键芳基反应

配合物 **19** 作为非均相氧化还原活性的催化开关应用于研究杂环的 C—H 活化反应，是由于 Cu^I—MOFs 的以下几个特点决定的（图 9-19）。首先，多孔的 Cu^I—MOFs 可提供一个支持 Cu^I 离子作为金属节点和催化活性中心的平台；其次，**19** 是一个多孔的阴离子框架，并且包含大的自由孔洞率（54.8%）和大的孔径通道（沿 a 轴和 c 轴），有利于有机基质和产物的传递和分离；再次，具有氧化还原活性的框架 **19** 对 C—H 活化反应中的氧化步骤是至关重要的；最后，由于 **19** 和 **20** 可以显示可逆的 SCSC 的氧化还原行为，可以作为催化剂开关实现杂环的 C—H 活化反应。因此，**19** 用来研究直接实现杂环的芳基化反应。

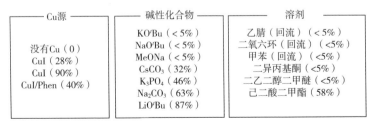

图 9-19 利用 **19** 作为催化剂实现杂化的直接 C—H 活化反应的条件优化

配合物 **19** 的耐溶剂性能和氧化还原的稳定性在煮沸的 DMF 中检测，DMF 被选用作为催化反应的溶剂，发现样品可以保持最初的晶型和稳定地存在于煮沸的 DMF 中 48h，同时，单晶结构解析发现，煮沸后的样品结构没有发生任何变化。因此，利用 **19** 催化实现杂环芳基化的 C—H 活化反应的条件是用苯并噻唑和碘苯作为偶联底物。通过大量的筛选溶剂、温度和碱基之后，最优的条件是利用两倍量的 K_2CO_3 作为碱基、2.5%（摩尔分数）的晶体作为催化剂，在 DMF 中反应 10h，可以得到相应的芳基化产物，产率可达到 90%。在相同的条件下利用均相的 CuI 体系只能得到 28% 的产率，因此，可以说 **19** 是高效非均相催化剂，可实现杂环化合物的直接芳基化 C—H 活化反应。

随后，尝试用 Na_2CO_3、Cs_2CO_3 或 K_3PO_4 代替 K_2CO_3 在相同条件实现该反应，通过 TLC 点板监控反应，发现原料不能完全反应或获得较低的反应产率（32%~63%）。当利用强碱 KO^tBu、NaO^tBu 和 MeONa 时，仅能得到很少的目标产物。LiO^tBu 作为杂环直接芳基化在道格里斯（Daugulis）系统中是表现最佳的碱基，在该催化体系中，也可以获得渴望得到的产物，并伴随着 87% 的产率。该偶联反应可以在 DMA 的溶剂中得到 57% 的产率，但是在二乙二醇二甲醚、NMP、乙腈、1,4-二氧六环和甲苯等溶剂中不能发生反应。考虑到经济、环保及稳定性，我们选择 **19** 作为非均相催剂，以 K_2CO_3 为碱基，在 DMF 溶液中 140℃ 作为最佳的反应条件，实现杂环化合物的直接芳基化 C—H 活化反应。在该催化体系中，催化剂 **19** 在温和的条件下可以被循环利用，不仅符合对环境友好的绿色化学理论，而且可以改善对底物官能团的容忍和扩大对底物种类的选择。

利用电感耦合等离子体（ICP-AES）技术对滤液中铜的含量测试发现，反应后滤液中铜离子的含量为 2.35mg/kg。随后，进行过滤实验，反应 1h 有 25% 的苯并噻唑发生了反应，然后，把配合物 **19** 过滤出来，让滤液继续反应 9h，发现过滤后的滤液在随后的 9h 内几乎没有发生任何反应。因此，可以说配合物 **19** 在整个反应过程中的确是经历了一个非均相的过程，配合物 **19** 是非均相催化剂。

为了确保该反应主要是发生在配合物 **19** 的空腔内部而不是发生在表面，杂环化合物的 C—H 芳基化反应采用大颗粒的晶体 **19**（~0.3mm×0.3mm×0.2mm）进行催化。由于大颗粒的晶体具有小的比表面积和金属催化活性中心，可以消除小颗粒晶型所引起的催化活性的影响。作为对比，在相同的条件下，利用苯并噻唑和碘苯在 **19** 存在下快速搅拌研磨进行该反应，10h 以后发现两种方法得到的目标产物具有相似的分离产率。这种结果清晰地证明了反应基质的确是进入晶体的内部和接近 MOF 内部的催化活性中心。

随后，将这个新的催化体系应用到杂环化合物和一系列的芳香或杂环的卤代物的偶联反应中，表现出高的催化分离产率（表9-2）。通过对比试验 2，10 和 1，富电子的苯并噻唑和苯并噁唑表现出极高的 C—H 芳基化反应分离产率，然而，1-甲基苯并噁唑表现出较低的分离产率，这可能是由于杂环化合物 C-2 位置的氢原子的酸度不一致所引起[39]。

对比试验 2 和 3，10 和 11 发现，碘化物的苯环上引入富电子基团，比缺电子基团表现出高的芳基化产率。毫无疑问，在实体 2 和 10 中，芳香溴化物、芳香碘化物、芳香氯化物中，芳香溴化物比芳香碘化物的反应活性低，但是比相应的芳香氯化物的反应活性高。此外，具有位阻效应的 2-甲基碘苯也可以与苯并噻唑和苯并噁唑参与偶联反应，并有高的反应产率（试验 4 和 12）。随后，4-碘联苯与苯并噻唑在直接芳基化 C—H 活化的条件下，反应 10h 和 20h（试验 7），分别得到 30% 和 50% 的偶联产物，这主要可能是反应底物的体积太大，不能与催化活性中性的空间构型相匹配所引起的。

为了进一步研究底物的尺寸效应对反应活性和分离产率的影响，1-碘萘分别与苯并噻唑和苯并噁唑反应，在延长反应时间后，仍得到较低的 C—H 活化产物（试验 8 和 13）。与均相的 CuI 体系相对比，当 1-碘萘与苯并噻唑发生反应时，可以达到 90% 的分离产率。这些结果清晰地显示，在 19 作为非均相催化剂的体系中，大体积的底物不能进入框架内部的催化活性中心，由于其尺寸过大导致其反应活性降低和产率下降。与此同时，杂化的卤代物也可以与苯并噻唑发生反应，生成希望得到的偶联产物，并且表现出稳健的分离产率（试验 5 和 6）。

表 9-2 配合物 19 直接催化 C—H 键活化反应[a]

序号	卤化物	产物	产率[c]/%
1	苯基碘	2-苯基苯并噻唑	90
2	X-C6H4-OCH3	2-(4-甲氧基苯基)苯并噻唑	X = Cl 12 X = Br 48 71[b] X = I 91

续表

序号	卤化物	产物	产率[c]/%
3	I-C6H4-NO2	benzothiazole-C6H4-NO2	63
4	2-iodotoluene	2-(2-methylphenyl)benzothiazole	87
5	2-X-thiophene	2-(thiophen-2-yl)benzothiazole	X = Br 44 X = I 62
6	2-X-pyridine	2-(pyridin-2-yl)benzothiazole	X = Br 39 X = I 52
7	4-iodobiphenyl	2-(biphenyl-4-yl)benzothiazole	30 51[b]
8	1-iodonaphthalene	2-(naphthalen-1-yl)benzothiazole	21 37[b]
9	iodobenzene	2-phenylbenzoxazole	91
10	X-C6H4-OMe	2-(4-methoxyphenyl)benzoxazole	X = Cl 15 X = Br 40 69[b] X = I 89
11	I-C6H4-NO2	2-(4-nitrophenyl)benzoxazole	70
12	2-iodotoluene	2-(2-methylphenyl)benzoxazole	89
13	1-iodonaphthalene	2-(naphthalen-1-yl)benzoxazole	18 35[b]

续表

序号	卤化物	产物	产率c/%
14	I—C6H4—OCH3	苯并咪唑-2-(4-甲氧基苯基)-N-甲基	58

a 反应条件：杂环（**S26~S28**，1mmol），芳基卤（**S29a~h**，2mmol），配合物 **19**（2.5%，摩尔分数），K₂CO₃（2mmol），DMF（4mL），140℃，10h。

b 24h 后分离产率。

c 分离产率。

随后在相同的实验条件下，利用氧化后的产物 **20** 代替 **19** 作为非均相催化剂来催化碘苯与苯并噻唑或苯并噁唑的偶联反应。有意思的是，发现用 **20** 作为非均相催化剂时，获得了碘苯与碘苯的乌尔曼（Ullmann）偶联的产物联苯，并且分离产率可以达到 70%，同时伴随着很少量的 C—H 活化产物（产率<10%）（图 9-20）。同样的条件下，用 4-碘苯甲醚与杂环类化合物（苯并噻唑和苯并噁唑）在 **20** 作为非均相催化剂时，乌尔曼偶联产物作为主要的产物。

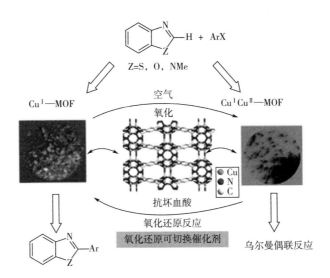

图 9-20 配合物 **19** 和 **20** 之间的可逆转化剂催化反应

因此，**19** 是一个氧化还原活性的催化剂开关，高选择性地实现 C—H 活化反应，然而氧化成 Cu$^{\rm I}$Cu$^{\rm II}$ 共同存在的混价化合物 **20** 对乌尔曼偶联反应显示了高活性。对杂环化合物与芳香卤代物的偶联反应，催化活性高的配合物 **19** 可以通过 SCSC 的氧化过程形成配合物 **20**，可以高选择性地发生乌尔曼偶联反应。相反，还原氧化产物 **20** 可以实现杂环化合物的直接 C—H 的芳基化反应，并使 Cu^{I} 配合物 **19** 作为高度有效的催化剂催化芳基化反应。

随后，利用碘苯和苯并噻唑为原料，试验配合物 **19** 和 **20** 作为非均相催化剂的稳定性。在循环试验测试过程中，**19** 和 **20** 可以通过简单的离心快速恢复，同时在 5 轮循环实验过后分离产率没有明显的下降。此外，5 轮循环实验后，**19** 和 **20** 的粉末 XRD 测试与单晶 **19** 和 **20** 几乎相匹配，并且没有明显的框架消失和坍塌。这种结果表明，**19** 和 **20** 至少 5 轮循环实验后框架仍可以保持。进一步的实验证明，单晶 X 射线衍射分析和 XPS 测试分析发现 5 轮循环实验后单晶样品的框架与配合物 **19** 和 **20** 完全一致。

对于直接杂环化合物的芳基化 C—H 活化反应，这是一个高效的催化体系，是基于 **19** 作为非均相催化剂的基础上形成的。由于 **19** 表现出多孔的类沸石阴离子框架，并且是氧化还原活性的，这些特点赋予了 **19** 具有 MOF 催化剂催化 C—H 活化的所有特点：非均相催化剂、高的催化活性、结构的稳定性。更加详细的反应机理正在作为重点被研究，课题组推测其催化反应是通过碱基辅助杂原子去质子化后，叠加到活性中心的 Cu^{I} 铜上，形成中间体，随后，该中间体与芳香碘化物反应形成目标产物[39]。另外，Cu^{I}Cu^{II} 共同存在的混价铜配合物 **20** 主要催化偶联反应形成乌尔曼产物，是由于 **20** 中 $[Cu_2^I Cu_2^{II}(CN)_2]^{4+}$ 可以被当成活性中心，增强乌尔曼偶联反应的反应速率。乌尔曼偶联产物形成依靠配合物 **20** 对碘化物的氧化加成，随后进行还原消除步骤。

9.4 本章小结

设计和构建生产包含自由 [H$_3$O]$^+$ 离子作为客体分子的氧化还原活性的阴离子多孔沸石状配合物 **19** 的途径，利用四齿的四氮唑配体和 CuCN，并加入 DIPEA 作为有机模板剂。在空气中，依靠 SCSC 的途径转化，Cu^{I} 配合物 **19** 展示了氧化还原行为，通过空气中的氧气氧化成拓扑等价的 Cu^{I}Cu^{II} 共同存在的混价配合物 **20**，释放出水。显著的是，氧化产物 **20** 可以在抗坏血酸的水溶液中通过 SCSC 的途径被还原成 Cu^{I} 配合物 **19a**，**19a** 可以继续被氧化。结果显示，阴离子的 Cu^{I} 框架和中性的 Cu^{I}Cu^{II} 混价框架可发生可逆的 SCSC 的氧化还原反应。当水和质子被大体积的铵根离子（TEAH$^+$ 和 DIPAH$^+$）取代作为客体分子时，具有相同阴离子框架的 **21** 和 **22** 变成了氧化惰性。此外，对于杂环化合物和芳基/杂环卤代物的偶联反应，**19** 或 **20** 作为非均相催化剂，可获得 C—H 活化产物和乌尔曼偶联产物。因此，融合了氧化还原活性的框架、适合的孔道尺寸、氧化还原活性的阴离子框架 **19** 和中性化合物 **20** 之间的可逆转换，赋予了 **19** 独特的结构和氧化还原行为，作为非均相催化剂表现出了优良的特征，可高效地实现杂环的芳基化反应，实现形状和尺寸的选择及可循环利用。

参考文献

[1] LIM D W, SADAKIYO M, KITAGAWA H. Proton transfer in hydrogen-bonded degenerate systems of water and ammonia in metal-organic frameworks [J]. Chemical Science, 2019, 10: 16-33.

[2] ABTAB S M T, ALEZI D, BHATT P M, et al. Reticular chemistry in action: A hydrolytically stable MOF capturing twice its weight in adsorbed water [J]. Chem, 2018, 4: 94-105.

[3] LIU X, WANG X, KAPTEIJN F. Water and metal-organic frameworks: from interaction toward utilization [J]. Chemical reviews, 2020, 120: 8303-8377.

[4] VITILLO J G, PRESTI D, LUZ I, et al. Visible-light-driven photocatalytic coupling of benzylamine over titanium-based MIL-125-NH_2 metal-organic framework: a mechanistic study [J]. The Journal of Physical Chemistry C, 2020, 124: 23707-23715.

[5] ROJAS-BUZO S, CONCEPCIÓN P, OLLOQUI-SARIEGO J L, et al. Metalloenzyme-inspired Ce-MOF catalyst for oxidative halogenation reactions [J]. ACS Applied Materials & Interfaces, 2021, 13: 31021-31030.

[6] MON M, ADAM R, FERRANDO-SORIA J, et al. Stabilized Ru[$(H_2O)_6$]$^{3+}$ in confined spaces (MOFs and zeolites) catalyzes the imination of primary alcohols under atmospheric conditions with wide scope [J]. ACS Catalysis, 2018, 8: 10401-10406.

[7] RIVERO-CRESPO M A, MON M, FERRANDO-SORIA J, et al. Confined Pt_1^{1+} water clusters in a MOF catalyze the low-temperature water-gas shift reaction with both CO_2 oxygen atoms coming from water [J]. Angewandte Chemie International Edition, 2018, 57: 17094-17099.

[8] VILLORIA-DEL-ÁLAMO B, ROJAS-BUZO S, GARCÍA-GARCÍA P, et al. Zr-MOF-808 as catalyst for amide esterification [J]. Chemistry-A European Journal, 2021, 27: 4588-4598.

[9] ZHU Y, WANG W D, SUN X, et al. Palladium nanoclusters confined in MOF@COP as a novel nanoreactor for catalytic hydrogenation [J]. ACS applied materials & interfaces, 2020, 12: 7285-7294.

[10] SHAO Z, HUANG C, DANG J, et al. Modulation of magnetic behavior and Hg^{2+} removal by solvent-assisted linker exchange based on a water-stable 3D MOF [J]. Chemistry of Materials, 2018, 30, 7979-7987.

[11] CUADRADO-COLLADOS C, MOUCHAHAM G, DAEMEN L, et al. Quest for an optimal methane hydrate formation in the pores of hydrolytically stable metal-organic frameworks [J]. Journal of the American Chemical Society, 2020, 142: 13391-13397.

[12] CUADRADO-COLLADOS C, MOUCHAHAM G, DAEMEN L, et al. Quest for an optimal methane hydrate formation in the pores of hydrolytically stable metal-organic frameworks [J]. Journal of the American Chemical Society, 2020, 142: 13391-13397.

[13] EPP K, BUEKEN B, HOFMANN B J, et al. Network topology and cavity confinement-controlled diastereoselectivity in cyclopropanation reactions catalyzed by porphyrin-based MOFs [J]. Catalysis Science & Technology, 2019, 9: 6452-6459.

[14] HEMMER K, COKOJA M, FISCHER R A. Exploitation of intrinsic confinement effects of MOFs in catalysis [J]. ChemCatChem, 2021, 13: 1683-1691.

[15] OSADCHII D Y, OLIVOS-SUAREZ A I, SZÉCSÉNYI Á, et al. Isolated Fe sites in metal organic frameworks catalyze the direct conversion of methane to methanol [J]. ACS Catalysis, 2018, 8: 5542-5548.

[16] KUTZSCHER C, NICKERL G, SENKOVSKA I, et al. Proline functionalized UiO-67 and UiO-68 type metal-organic frameworks showing reversed diastereoselectivity in aldol addition reactions [J]. Chemistry of Materials, 2016, 28: 2573-2580.

[17] OGIWARA N, KOBAYASHI H, INUKAI M, et al. Ligand-functionalization-controlled activity of metal-organic framework-encapsulated Pt nanocatalyst to-

ward activation of water [J]. Nano Letters, 2019, 20: 426-432.

[18] HUANG Y G, MU B, SCHOENECKER P M, et al. A Porous flexible homochiral $SrSi_2$ array of single-stranded helical nanotubes exhibiting single-crystal-to-single-crystal oxidation transformation [J]. Angewandte Chemie International Edition, 2011, 50: 436-440.

[19] HE Q T, LI X P, LIU Y, et al. Copper (Ⅰ) Cuboctahedral coordination cages: Host-guest dependent redox activity [J]. Angewandte Chemie International Edition, 2009, 48: 6156-6159.

[20] HAO Y, PAPAZYAN E K, BA Y, et al. Mechanism-guided design of metal-organic framework composites for selective photooxidation of a mustard gas simulant under solvent-free conditions [J]. ACS Catalysis, 2021, 12: 363-371.

[21] XIE Y, FANG Z, LI L, et al. Creating chemisorption sites for enhanced CO_2 photoreduction activity through alkylamine modification of MIL-101-Cr [J]. ACS Applied Materials & Interfaces, 2019, 11: 27017-27023.

[22] GONZALEZ M I, TURKIEWICZ A B, DARAGO L E, et al. Confinement of atomically defined metal halide sheets in a metal-organic framework [J]. Nature, 2020, 577: 64-68.

[23] LIN S, CAIRNIE D R, DAVIS D, et al. Photoelectrochemical alcohol oxidation by mixed-linker metal-organic frameworks [J]. Faraday Discussions, 2021, 225: 371-383.

[24] ABAZARI R, ESRAFILI L, MORSALI A, et al. PMo12@ UiO-67 nanocomposite as a novel non-leaching catalyst with enhanced performance durability for sulfur removal from liquid fuels with exceptionally diluted oxidant [J]. Applied Catalysis B: Environmental, 2021, 283: 119582.

[25] KØMURCU M, LAZZARINI A, KAUR G, et al. Co-catalyst free ethene dimerization over Zr-based metal-organic framework (UiO-67) functionalized with Ni and bipyridine [J]. Catalysis Today, 2021, 369: 193-202.

[26] KARVE V V, SUN D T, TRUKHINA O, et al. Efficient reductive amination of HMF with well dispersed Pd nanoparticles immobilized in a porous MOF/polymer composite [J]. Green Chemistry, 2020, 22: 368-378.

[27] GRIGOROPOULOS A, WHITEHEAD G F S, PERRET N, et al. Encapsulation of an organometallic cationic catalyst by direct exchange into an anionic MOF

[J]. Chemical Science, 2016, 7: 2037-2050.

[28] KITTIKHUNNATHAM P, LEITH G A, MATHUR A, et al. A metal-organic framework (MOF) -based multifunctional cargo vehicle for reactive-gas delivery and catalysis [J]. Angewandte Chemie International Edition, 2022, 61: 14337851.

[29] KAMPOURI S, NGUYEN T N, IRELAND C P, et al. Photocatalytic hydrogen generation from a visible-light responsive metal-organic framework system: the impact of nickel phosphide nanoparticles [J]. Journal of Materials Chemistry A, 2018, 6: 2476-2481.

[30] VAN VELTHOVEN N, WAITSCHAT S, CHAVAN S M, et al. Single-site metal-organic framework catalysts for the oxidative coupling of arenes via C-H/C-H activation [J]. Chemical Science, 2019, 10: 3616-3622.

[31] YANG H, BRADLEY S J, CHAN A, et al. Catalytically active bimetallic nanoparticles supported on porous carbon capsules derived from metal-organic framework composites [J]. Journal of the American Chemical Society, 2016, 138: 11872-11881.

[32] LIU L, ZHOU T Y, TELFER S G. Modulating the performance of an asymmetric organocatalyst by tuning its spatial environment in a metal-organic framework [J]. Journal of the American Chemical Society, 2017, 139: 13936-13943.

[33] ZHOU T Y, AUER B, LEE S J, et al. Catalysts confined in programmed framework pores enable new transformations and tune reaction efficiency and selectivity [J]. Journal of the American Chemical Society, 2019, 141: 1577-1582.

[34] LOGAN M W, AYAD S, ADAMSON J D, et al. Systematic variation of the optical bandgap in titanium based isoreticular metal-organic frameworks for photocatalytic reduction of CO_2 under blue light [J]. Journal of Materials Chemistry A, 2017, 5: 11854-11863.

[35] QIN Q, WANG D, SHAO Z, et al. Sequentially regulating the structural transformation of copper metal-organic frameworks (Cu-MOFs) for controlling site-selective reaction [J]. ACS Applied Materials & Interfaces, 2022, 14: 36845-36854.

[36] VITILLO J G, LU C C, CRAMER C J, et al. Influence of First and Second Coordination Environment on Structural Fe (Ⅱ) Sites in MIL-101 for C-H bond activation in methane [J]. ACS Catalysis, 2020, 11: 579-589.

[37] VITILLO J G, BHAN A, CRAMER C J, et al. Quantum chemical characterization of structural single Fe (Ⅱ) sites in MIL-type metal-organic frameworks for the Oxidation of Methane to Methanol and Ethane to Ethanol [J]. ACS Catalysis, 2019, 9: 2870-2879.

[38] YANG X, LIANG T, SUN J, et al. Template-directed synthesis of photocatalyst-encapsulating metal-organic frameworks with boosted photocatalytic activity [J]. ACS Catalysis, 2019, 9: 7486-7493.

[39] HUANG C, LU G, QIN N, et al. Enhancement of output performance of triboelectric nanogenerator by switchable stimuli in metal-organic frameworks for photocatalysis [J]. ACS Applied Materials & Interfaces, 2022, 14: 16424-16434.